U0284715

燃起不服输的重塑，

眷顾有缘的情怀定数和江湖，

耐得沧桑锈腐，

无须矫情风雨共渡，

为精诚所至而夺目！

————清风

建筑外墙金属板材选用手册 1.0

ARCHITECTURE METAL PANEL SELECTION MANUAL 1.0

中国建筑西南设计研究院有限公司
前方工作室 编著

中国建筑工业出版社

前 言
FOREWORD

金属材料作为建筑的外围护材料自古有之，随着材料科技的发展，金属材料在幕墙体系中获得了广泛的推广应用。金属材料以其丰富的表现特性、优良的加工性能、良好的安全和耐久特性，很好地适应了各种复杂建筑功能和造型的需求，是当今建筑工程设计中重要的应用材料之一。

金属材料的种类繁多，通过不同的加工工艺处理可以产生丰富多样的变化。目前与建筑师实践工作相关的常用金属板材选用，相关知识与经验虽然有一些分类与介绍，但大多关注于表面效果，缺少对金属板材如何选择及实施路径和方法等方面的介绍和普及。在实践中，存在不少因建筑师不了解金属板材制作、加工工艺及使用场合不当，而造成设计用材词不达意的现象。有感于行业这种现状，我们对常用的建筑用金属板材开展研究，将金属板的性能、加工工艺和表现制约因素等进行归纳梳理，相信对建筑创作的准确表达具有重要意义。

设计过程中，对金属板材的选择涉及板材类型、自身强度、几何尺寸、视觉效果、加工工艺处理等要素，而不同要素的组合可以产生变化多样的效果，对投资的影响也很大。因此，在实际工程中额定的投资范围内，合理选择金属板材种类、尺寸与厚度和加工工艺，构造配搭出建筑设计期望的效果，是金属板材选用的核心难点。

提供建筑师执业过程中方便使用的工作手册，是我们继材料选择系列手册第一辑《建筑玻璃选用手册1.0》出版以来持续追求的目标。在金属板材种类、性能表现、视觉效果、生产厂家和加工条件变化多样的情况下，本书对金属板材的选用进行了较为系统的归纳研究，梳理出清晰、直观且实用、有效的选择方法。本书成果有利于提高设计效率，帮助建筑师建立对金属板材的系统认知，提升建筑师对建筑完成度的把控能力。

本手册是《建筑玻璃选用手册1.0》的延伸与拓展，通过延续性的研究形成建筑用金属板材选用指南呈现给建筑师同行，希望能为建筑师的设计创作提供实实在在的应用性帮助。

中国建筑西南设计研究院有限公司

前方工作室

2023 年 8 月 19 日

目 录
CONTENTS

前 言
FOREWORD

参考规范及标准　　　　　　　　　　　　　　　1
REFERENCE CODES AND STANDARDS

外围护墙金属板选用要点　　　　　　　　　　7
KEY POINTS OF ARCHITECTURE EXTERIOR METAL PANEL SELECTION

外墙金属板材概述　　　　　　　　　　　　　　8
金属复合材料关注要点　　　　　　　　　　　　12
建筑金属板材选用流程　　　　　　　　　　　　16
金属板材的选择　　　　　　　　　　　　　　　18

铝板　　　　　　　　　　　　　　　　　　　25
ALUMINUM PANEL

铝单板（铝单板、铝穿孔板、铝拉孔网板）　　　26
铝合金压型板　　　　　　　　　　　　　　　　44
铝合金复合板 A 类（无机矿物芯材铝复合板、铝塑板）　52
铝合金复合板 B 类（铝合金蜂窝板、铝合金锥芯板、铝合金波纹芯板）　58

钢板　　　　　　　　　　　　　　　　　　　71
STEEL PANEL

不锈钢板　　　　　　　　　　　　　　　　　　72
耐候钢板　　　　　　　　　　　　　　　　　　86
压型钢板　　　　　　　　　　　　　　　　　　94
钢复合板（夹芯钢板、不锈钢蜂窝复合板）　　　104

钛锌板 119
TITANIUM ZINC PANEL

钛锌板 120

钛锌复合板 132

铜板 137
COPPER PANEL

铜单板〔铜单板、铜穿孔板、铜拉孔网板〕 138

铜复合板〔铜塑板、铜蜂窝板〕 154

常用外墙金属板材案例 163
ARCHITECTURE METAL PANEL COMMON CASES

跋 195
POSTSCRIPT

特别感谢 198
ACKNOWLEDGEMENT

参考规范及标准
REFERENCE CODES AND STANDARDS

1.《铜钢复合钢板》GB 13238-1991

2.《压型金属板工程应用技术规范》GB 50896-2013

3.《不锈钢棒》GB/T 1220-2007

4.《连续热镀锌和锌合金镀层钢板及钢带》GB/T 2518-2019

5.《碳素结构钢和低合金结构钢热轧钢板和钢带》GB/T 3274-2017

6.《不锈钢冷轧钢板和钢带》GB/T 3280-2015

7.《一般工业用铝及铝合金板、带材　第 1 部分：一般要求》
   GB/T 3880.1-2012

8.《一般工业用铝及铝合金板、带材　第 2 部分：力学性能》
   GB/T 3880.2-2012

9.《一般工业用铝及铝合金板、带材　第 3 部分：尺寸偏差》
   GB/T 3880.3-2012

10.《耐候结构钢》GB/T 4171-2008

11.《加工铜及铜合金牌号和化学成分》GB/T 5231-2022

12.《铝及铝合金压型板》GB/T 6891-2018

注释：因规范和标准存在更新问题，本手册中引用的规范、标准在使用时应以现行的规范及标准为准。

13. 《铝及铝合金阳极氧化膜与有机聚合物膜 第1部分：阳极氧化膜》GB/T 8013.1-2018

14. 《铝及铝合金阳极氧化膜与有机聚合物膜 第2部分：阳极氧化复合膜》GB/T 8013.2-2018

15. 《铝及铝合金阳极氧化膜与有机聚合物膜 第3部分：有机聚合物涂膜》GB/T 8013.3-2018

16. 《铝及铝合金阳极氧化膜与有机聚合物膜 第4部分：纹理膜》GB/T 8013.4-2021

17. 《铝及铝合金阳极氧化膜与有机聚合物膜 第5部分：功能膜》GB/T 8013.5-2021

18. 《彩色涂层钢板及钢带》GB/T 12754-2019

19. 《建筑用压型钢板》GB/T 12755-2008

20. 《金属覆盖层 钢铁制件热浸镀锌层 技术要求及试验方法》GB/T 13912-2020

21. 《建筑幕墙用铝塑复合板》GB/T 17748-2016

22.《不锈钢和耐热钢 牌号及化学成分》GB/T 20878-2007

23.《建筑幕墙》GB/T 21086-2007

24.《建筑装饰用铝单板》GB/T 23443-2009

25.《建筑屋面和幕墙用冷轧不锈钢钢板和钢带》GB/T 34200-2017

26.《建筑幕墙用不锈钢通用技术条件》GB/T 34472-2017

27.《屋面结构用铝合金挤压型材和板材》GB/T 34489-2017

28.《铜 - 钢复合薄板和带材》GB/T 36162-2018

29.《耐火耐候结构钢》GB/T 41324-2022

30.《金属与石材幕墙工程技术规范》JGJ 133-2001

31.《建筑幕墙用氟碳铝单板制品》JG/T 331-2011

32.《建筑外墙用铝蜂窝复合板》JG/T 334-2012

33.《建筑用钛锌合金饰面复合板》JG/T 339-2012

34.《建筑金属围护系统工程技术标准》JGJ/T 473-2019

35.《铝波纹芯复合铝板》JC/T 2187-2013

36. 《铜及铜复合板幕墙技术条件》JC/T 2491-2019

37. 《不锈钢结构技术规程》CECS 410: 2015

38. 《焊接不锈钢屋面工程技术标准》T/CECS 959-2021

39. 《四川省金属与石材幕墙工程技术标准》DBJ51/T 193-2022

外围护墙金属板选用要点

KEY POINTS OF ARCHITECTURE EXTERIOR METAL PANEL SELECTION

外墙金属板材概述

金属复合材料关注要点

建筑金属板材选用流程

金属板材的选择

外墙金属板材概述

金属板材的基材多用合金材料，从使用分类角度可以分为"匀质板材"和"复合板材"两大类型。

匀质板材：

匀质板材是一种以单一金属的合金材料作为基材的板材（图2-1），其金属特性、加工特点均由这种金属材料决定，例如铝单板、铝镁锰合金板、不锈钢板、压型钢板、钛锌板、铜板等。

图 2-1　匀质板材示意图

复合板材:

复合板材由"面板 + 基层"多个层次组成（图 2-2），其中"基层"也可由"芯材 + 背板"组合构成，除面板为特定的金属板材外，复合材料的基层具有多样性，可为与面板材料相同或不同的金属或为非金属材料复合构成。通常以面板金属类型确定复合板材的金属分类名称。芯材作为基层部分提供面板支撑的同时，通常还附加了其他功能，如保温、隔热、隔声、提高平整度等。基层中是否有背板取决于芯材的特性及加工方式。背板材料的选择通常根据运用场景、板材加工工艺、施工构造连接方式等因素进行，一般情况，背板选择与面板相同的材质，可获得更好的整体板材协调性。

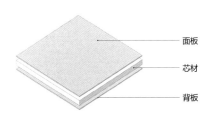

面板

芯材

背板

图 2-2　复合板材示意图

复合板材通常利用力学惯性矩原理实现同等重量下比匀质单板更高的强度和更好的刚度、平整度；根据不同的"面板""芯材""背板"，有如下几种常见的组合方式：

1. 金属 A、B……+ 铝合金蜂窝内芯 + 金属 A、B……（图 2-3）

特性：

（1）所用板材均为金属，整体协调性较好，同种金属协调性更佳；

（2）复合板材整体强度及刚度高；

（3）复合板材因铝合金蜂窝内芯有空腔，有一定的隔声、隔热性能。

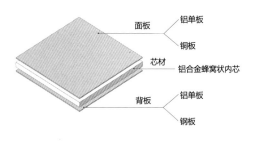

图 2-3　复合板材类型 1 示意图

2. 金属 A+ 金属 B+ 铝蜂窝内芯 + 金属 B

特性：

同 1. 的特性，面板的复合主要解决面板大尺寸时金属强度不足的问题，例如钛板 + 不锈钢板 + 铝蜂窝内芯 + 不锈钢板。

3. 金属 A、B……+ 高分子或矿物材料内芯 a、b……+ 金属 A、B……

（图 2-4）

特性：

（1）基于可相融的不同材料的组合，整体匀质性较好；

（2）板材重量较轻，有良好的强度与刚度；

（3）有良好的隔热、保温性能及较好的隔声性能；

（4）使用时应关注面板与背板的变形协调性。

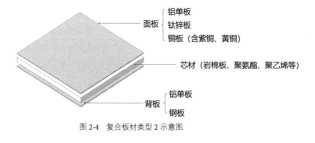

图 2-4 复合板材类型 2 示意图

金属复合材料关注要点

1. 金属复合板内部芯材，因复合构造原因（图 2-5），大多不能直接暴露在室外环境中，因此用于室外区域的金属复合板不建议进行穿孔加工。

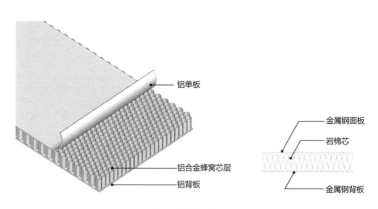

铝单板

金属钢面板

岩棉芯

铝合金蜂窝芯层

铝背板

金属钢背板

图 2-5　铝蜂窝板 / 岩棉芯钢复合板构成示意图

2. 金属复合板面层板材通常较薄，如果受到外力冲击易局部凹陷。建议用于人无法或不易接触的部位，如大型公共建筑的檐口吊顶等位置（图 2-6）。

镜面不锈钢蜂窝板吊顶

图 2-6　不锈钢金属复合板吊顶

3. 金属复合板用于建筑复杂曲面造型时，设计者应与复合板材加工厂家提前沟通，讨论实施方案的可行性，并做试样以判断外观效果。常规金属单板曲面加工工艺为放样曲面板展开尺寸，用模具压制成型，然后预拼装检查，校正后交予施工现场安装（图 2-7）。

图 2-7 曲面金属单板预拼装步骤
1—模板制作；2—压型加工；3—背筋固定；4—曲面预拼装

4. 当金属复合板面板、背板为不同金属种类时，金属复合板整体形变能力由形变能力较弱的金属板决定。曲面金属复合板加工顺序为先将金属单层板材进行弯曲或模具成型加工，再与芯材粘结为一体（图 2-8）。

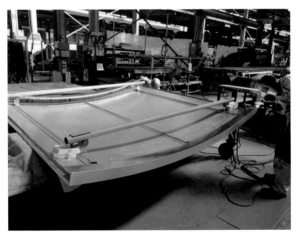

图 2-8　曲面金属复合板面板、芯材、背板粘结

建筑金属板材选用流程

　　金属板材选用伴随建筑设计的全过程，常规建筑外围护结构金属板材的选样流程可简要归纳为三个阶段：依据设计要求及相关规范，确定金属板材的种类及其参数；选取符合设计要求的金属板材小样；现场控制金属板材效果完成度（图 2-9）。整个选择过程是动态的反复比选及求证过程，并应以满足金属板材能达到建筑使用目标的基本功能要求为首要前提。

　　建筑金属板材选用流程可简要概括为"明确要求，选择样品，现场控制"。

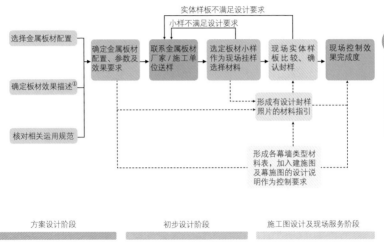

图 2-9 建筑金属选用流程图解

①视觉观感 + 客观参数的综合。

金属板材的选择

　　选择金属板材配置是基于设计目标，结合金属板材特性、板材综合表现力、功能性、经济性等因素确定金属板材相关参数要求的过程。建筑外墙金属板材选择应兼顾金属特性、金属板材厚度与尺寸限制、几何加工要求、外观工艺要求以及具体使用部位等要素。

　　金属板材的选择是动态协调的过程，是建筑师在设计方案的基础上依据板材综合表现力、设计规范、安全性能、热工性能、金属特性、功能性、经济性等要求，综合平衡的结果（图 2-10 ）。

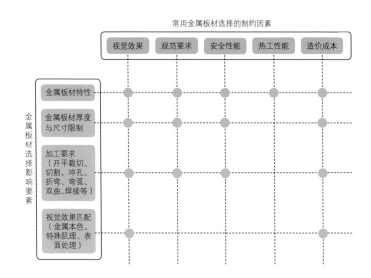

图 2-10　金属板材选择信息关联图

1. 金属特性

金属板材的特性是指其本身客观性能特征，建筑用金属通常为合金，同种金属的合金构成不同，性能也会不同，故选用时务必关注选用金属板材的相关性能，如材料密度、材料本身的刚度与强度、燃烧性能、防水性能、耐久性能、延展性能、电化学反应性能、对特殊环境的耐腐蚀性能、保温隔热性能等。

2. 金属板材尺寸与厚度限制

金属板材的基材通常为金属板卷形式（图 2-11），因此金属板材的宽度存在尺寸限制，板材的长度相对自由。金属板材设计宽度超过了基材的尺寸限制，则会大大影响金属板材的使用成本。

金属板材表观平整度主要由材料的规格尺寸与厚度动态平衡决定。通常在规定板材平整度要求的情况下，板材划分的尺寸越大，板材厚度就需要越厚。在相同幕墙面积的情况下，幕墙的工程造价与金属板材厚度呈正相关关系。

图 2-11　金属板卷

3. 加工要求

金属板材材料特性决定了其特有的加工要求，多种材料复合而成的金属板材，因其性能不同，会给后期加工带来制约，根据金属板材的构成方式分为两类：

（1）匀质金属单板

可以进行切割、弯弧、弯折、冲孔、压型、焊接等加工。需要注意的是，匀质金属单板与其他金属连接时，不能进行焊接，应加隔离垫片，以避免引起电化学反应。

（2）复合金属板材

复合金属板材为上下两张薄金属板夹芯不同材料而成的板材，其加工可以按施工工序要求进行机械连接，如切割、弯弧、弯折、压型、焊接等，除铝塑板及无机矿物芯材铝复合板外，均不适宜穿孔使用。

因复合板材面板厚度通常较薄，板材通常不进行焊接方式连接，多采用胶粘连接。

4. 视觉效果

外墙金属板材拥有变化丰富的视觉效果，根据运用场景对应制作工艺可以分为以下三种类型：

（1）还原金属本色

通过特殊的工艺加工体现金属材料本身独有的质感，例如不锈钢、考顿钢、钛锌板、铜板等。

（2）金属的可塑性

金属的可塑性是对金属延展性能的利用，通过不同工艺的几何加工，可将金属板材塑造出单曲面、双曲面、浮雕面等形态及肌理。

（3）金属表面处理

采用氟碳喷涂、粉末喷涂、抛光、喷砂、拉丝、镜面、贴膜、辊涂、转印、激光蚀刻、电解上色等工艺，可实现金属板材丰富的小肌理视觉效果变化。

铝板
ALUMINUM PANEL

铝单板
（铝单板、铝穿孔板、铝拉孔网板）

铝合金压型板

铝合金复合板 A 类
（无机矿物芯材铝复合板、铝塑板）

铝合金复合板 B 类
（铝合金蜂窝板、铝合金锥心板、铝合金波纹芯板）

铝单板

（铝单板、铝穿孔板、铝拉孔网板）

1. 材料简介

铝单板是采用铝合金板材为基材，经过铬化等工艺处理后，再经过弯折等技术成型，采用氟碳、粉末喷涂等表面处理工艺，加工形成的一种建筑装饰材料。因其表面平整光洁、耐候性良好、便于清洁的特点，广泛应用于建筑室内外环境中。

铝穿孔板是以铝单板为基材，通过机械钻孔、冲孔、数控切割（激光、等离子）等加工技术，将板材按照设计的要求打出各种孔洞或图案，形成具有一定透视及通风采光效果肌理和图案的板材。

铝拉孔网板是以铝单板为基材，通过机械冲剪、拉拔等加工技术，形成拥有立体状孔隙的金属网板。

2. 材料特点

（1）质量轻、刚性好、强度高：3.0mm 铝单板重约 8kg/m²，抗拉强度达 $100 \sim 280N/m^2$。

（2）耐久性、耐酸碱性好：经表面处理可以保证构件良好的耐腐蚀性，自洁性良好，是应用广泛的建筑外围护材料。

（3）易加工：板材可进行切割、弯折、焊接等加工，也可以加工为平面、弧形、球面等多种形状，还可进行穿孔、压型等加工，形成多样化肌理。

（4）质感处理多样：表面肌理处理均匀度良好，且具多样性，色彩可选面广。

（5）利于工业化加工生产：板材可在工厂加工成型，使现场安装便捷、施工快速，固定工艺简便。

（6）可回收利用：铝合金板可100%回收利用，符合环保要求。

（7）铝合金刚度及强度比钢材要差，用作受力构件时会有所限制。

3. 常用规格[①]

铝单板的常规厚度为 2.0mm、2.5mm、3.0mm、4.0mm，厚度规格根据设计需要可达 20mm，常用板材宽度为 1200mm 或 1500mm，特殊尺寸可扩展至 1800mm×8000mm。表面漆面涂层厚度为 30 ~ 50μm。

铝穿孔板按厚度可以分为：薄板（0.15 ~ 2mm）、常规板（2 ~ 6mm）及其他更厚的板型，受限于数控穿孔设备尺寸，铝穿孔板可加工最大板宽为 1600mm，板长无限制，最小孔径为 2.5mm；穿孔率通常在 65% 以内，孔形式、间距可以根据设计需要进行定制，因受力及加工工艺影响，原则上孔间实体板最小宽度不能小于板厚（图 3-1）。

铝拉孔网板常见板材厚度为 1.5 ~ 3mm；网格样式为菱形、鱼鳞形、六边形等，网眼间距、形状可以根据设计进行定制；常用材料规格不超过 1200mm×3000mm。

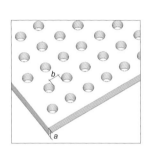

穿孔板最小实体板宽要求：$b \geq a$

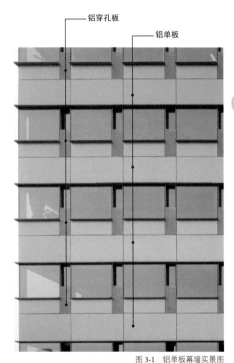

图 3-1 铝单板幕墙实景图

4. 加工工艺

普通铝单板构造主要由面板、加强筋和角码组成。板材可以采取剪板、折弯、刨槽折弯、焊接、弯弧、冲孔、雕刻、弯弧等工艺处理。表面一般经过铬化等处理后，再经阳极氧化、氟碳或粉末喷涂处理。

铝单板能够呈现多样的表面质感，主要表面处理方式有：

（1）喷涂处理：在铝单板外表面喷涂色彩涂料后烘干，可分为两涂和三涂等。喷涂良好的板材色彩均匀，不会出现波纹。

（2）辊涂处理：铝单板外表面进行脱脂和化学处理后，辊涂优质涂料，干燥固化。具有漆面平整、色彩仿真度高的特点。

（3）热转印：热转印工艺是通过对热转印膜一次性加热，将热转印膜上的木纹等图案转印于铝板表面上，形成饰面膜的过程。

（4）阳极氧化处理：经阳极氧化处理的铝单板具有更高的硬度、耐磨性能、抗腐蚀性、电绝缘性、热绝缘性和抗氧化能力。

（5）覆面处理：表面涂覆胶粘剂后，附着高光膜或幻彩膜，也可选择木皮或竹皮等天然材料作为覆面材料。覆面后板材有更多的表现力。

（6）金属拉丝处理：以铝板为基材，选用金刚石布轮外表拉丝，经压型、辊涂等工艺处理，外表色泽光亮、均匀。

5. 常规铝单板加工流程

（1）铝合金板卷：铝单板基材一般为铝卷形式，基材质量是良好平整度的基本保证 [图 3-2（a）]。

（2）开平裁切：利用开平设备对铝卷进行展开、整形和裁切，调整至需要的尺寸 [图 3-2（b）]。

（3）激光切割：利用激光切割机进行更为精细的切割修剪，精度可达 0.5mm[图 3-2（c）]。

图 3-2　常规铝单板加工流程（一）

图 3-2 常规铝单板加工流程（二）

（4）数控打孔：数控打孔设备带有可旋转刀头的转盘，可以安装 32 个刀头，通过更换不同的刀头实现多样的冲孔效果。冲孔间的距离不宜小于板厚 [图 3-2（d）]。

（5）压弯：简单曲面造型通常通过滚筒压弯机实现。复杂曲面则多以液压机和木模具多次加工实现 [图 3-2（e）]。

（6）折弯：利用折弯设备对板材进行折弯，折弯机可以更换不同的折弯模具，以调整折弯角度 [图 3-2（f）]。

（7）焊接：对板材折边进行焊接，包括对无法弯折成型的部件加工 [图 3-2 (g)]。

（8）固定背筋：在板材背面上点焊螺栓后，利用螺母将背筋固定在铝单板背侧 [图 3-2 (h)]。

（9）表面处理：根据板材设计要求进行各类表面喷涂、覆膜等工艺处理 [图 3-2 (i)]。

图 3-2 铝单板加工流程（三）

穿孔板是在完整板的基础上，加工去掉部分板材获得的效果。因此，同样面积及厚度的板材，穿孔板强度及刚度会弱于完整单板，设计时应计算评估。

现代数控塔冲可以通过自动更换"冲头"，对设计文件中的复杂图案进行冲孔处理（图 3-3 中所示数控塔冲可以自动更换 32 种冲头）。

拉孔网板是通过对完整单板进行有规律的切割，并沿垂直切割线方向对板进行机械拉伸形成的板材。其加工过程中板材材料没有缺失，利用力学惯性矩原理增加了板材的刚度。

图 3-3　数控塔冲加工现场

6. 使用注意事项

（1）铝单板平整度与板材规格及板材厚度相关，设计上过大的板材划分与厚度不匹配会导致平整度问题（图3-4）。平整度除与金属板材的平面尺寸大小及板材厚度相关外（图3-5），还与板材是否有凹凸肌理、穿孔、折边、加框等加工工艺有关。

铝板

图 3-4　铝单板幕墙不平整实例

提升平整度的措施：

1）增加板材厚度或背板加肋，提升整体刚度（图3-6），厚度指标宜经强度计算确定。

2）控制单板尺寸，避免产生超大板材（图3-7）。或单向尺寸变小，使板材受力呈单向主受力状态。

图 3-5 较薄板材变形实例

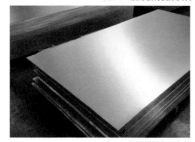

图 3-6 较厚板材效果实例

图 3-7 铝单板规格划分实例

（2）穿孔铝单板：穿孔铝单板孔隙削弱了板材本身的强度和刚度，其加工过程产生的应力不均也会对材料平整度造成不利影响，如果大面积平铺布置影响更加明显（图 3-8）。

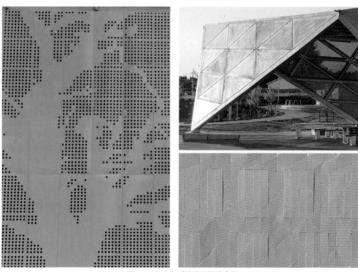

图 3-8　铝穿孔板外墙不平整实例

提升平整度的措施：

1）增加穿孔板的厚度、控制孔隙率，提升板材强度。

2）利用惯性矩原理使穿孔板互相呈空间结构关系，提高板面平整度（图 3-9）。

铝穿孔板

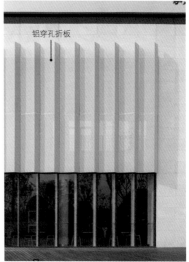

铝穿孔折板

图 3-9 铝穿孔板外墙平整实例

（3）穿孔铝单板：穿孔铝单板孔隙的大小、形式、布局、密度与用材经济性及视觉（摩尔纹）表现力相关，设计及选用时应关注以下问题：1）穿孔形式及图案的选择（应考虑摩尔纹的情况）；2）不同安装角度视觉特点 [图 3-10（a）]；3）满足室内外环境通风及安全防护要求；4）板材边界图案交接关系 [图 3-10（b）]；5）合理调整孔径大小，避免密集的视觉感受（图 3-11）。

图 3-10 穿孔铝单板外墙不同受光面效果、边界图案对缝处理

铝穿孔板 —▶

图 3-11　铝穿孔板透视效果（细密小孔不易产生密集恐惧现象）

（4）铝合金拉孔网板：拉孔网板因应用了惯性矩原理，同等用材条件下，提高了板材的整体刚度。应注意：使用时务必设约束性边框，目的是实现预期刚度及保障安全（图3-12）。

图 3-12 拉孔网板边框固定

拉孔网板具有视觉方向性，视觉效果与安装的方向及观察角度相关（图 3-13 ）。

图 3-13　拉孔网板不同安装方向的视觉效果

铝合金压型板

1. 材料简介

铝合金压型板是采用铝镁锰合金板或铝单板经过辊压冷弯成多种波形的压型板，它适用于工业与民用建筑、仓库、特种建筑、大跨度钢结构房屋的屋面、墙面以及内外装饰等（图3-14）。

2. 材料特点

作为铝合金单层薄板的运用，铝合金压型板除了具备铝合金单层板色泽丰富、防火、寿命长、耐腐蚀、回收率高等特点外，还具备以下特性：

（1）作为压型板的铝合金板材，其延性要优于用作铝单板的铝合金，否则在压型时会造成铝板开裂。

（2）单向强度高。与铝单板平板相比，铝合金压型板在垂直于波形方向具有更高的强度（单向惯性矩增加），平整度高（呈肌理状），能获得良好的视觉效果。铝合金压型板属薄板材料，故自重更轻。

（3）作为体系性开发产品，铝合金压型板施工便利且施工速度快，综合经济效益好。

（4）构造防水性能良好。与铝单板幕墙填充密封胶的交接方式相比，铝合金压型板可在不用密封胶的情况下采用锁边、搭接、卡扣三种方式

图 3-14　四川省图书馆　铝镁锰合金压型板

进行板块的拼接，具有良好的防水性能。

（5）因其金属特性，热工性能及隔声性能较差。使用铝合金压型板时需要进行隔声及隔热保温的综合构造设计，以获得满足功能要求的隔热及隔声性能。

3. 常用规格[①]

（1）材料分类

根据连接方式的不同可分为：锁边、卡扣、搭接（图3-15）。

根据压型形式的不同可分为：直角板、波纹板、V形板、梯形板等。

（2）常用参数

铝镁锰直立锁边薄板：板材宽度多为300～550mm，常用长度为50m，最长可达到70m。

其他压型板：长边 ≤ 6000mm、短边 ≤ 1200mm。

材料厚度一般为 0.4～1.2mm。

（3）市场上的价格

常规厚度下，铝合金压型板按展开面积计价。

---

①数据来自部分厂家，不同厂家工艺参数略有不同，仅供参考。

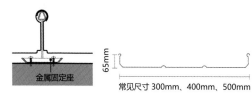

常用铝镁锰合金直立锁边板

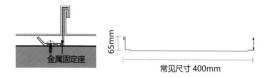

卷边高肋暗扣系统

搭接板系统

图 3-15 拼接类型与压型类型

4. 加工工艺

铝合金压型板的表面处理工艺与传统铝单板一样（图3-16）。压型板生产方式基本上有两种：

（1）将压型板基材接入产品轨道，即在冷轧薄板厂的后道工序设压型机组，直接生产出所需板型，这种方式产品长度一般不超过12m。在此之后，再进行铝板表面的面层处理。

（2）先将板材基材作表面涂层、肌理及穿孔等加工，成卷运至施工现场，由现场压型机成型，可直接进行铺装施工。对于扇面及穿孔处理均应进行设计放样并做试样后方可大面积使用。

图 3-16　中国西部博览城 铝镁锰合金直立锁边板屋面

5. 使用注意事项

（1）用于屋面：所有铝合金压型板，因锁扣方式均不用密封胶，对施工精度要求很高，用于屋面时存在漏水风险，故屋面采用压型板材料时，坡度应在 5% 以上。无论何种连接方式，均应自下而上、逆主导风向安装施工。铝镁锰合金直立锁边板合理长度为 50m，最长不应超过 70m，否则温度应力会导致板面不平整或拉裂漏水。压型板有波高，规定了排水方向，所以屋面设计时排板应与排水方向协调统一。

（2）用于墙面：无论采用何种连接方式，在墙面安装时，应同屋面一样，自下向上、逆主导风向安装施工，让上层板压住下层板，使接缝处于水流的下游端，利于防水。用于墙面时，铝合金压型板还可做穿孔处理（图 3-14），应关注穿孔率对平整度的影响，及穿孔板内侧的防水构造处理。

（3）铝合金压型薄板的弯折，与材料性能及压型板的形式（几何形状及尺寸）有关（图 3-17）。设计时应与加工厂家配合，以确保实施落地。

（4）铝合金压型薄板对于大曲率多变化的非线性形体的适应性较差，对小曲率的形体有一定的适应性。在复杂曲面设计中，板块的划分往往是非标准的构件，板块划分尺度应针对特定压型板系统的限制条件（宽度及长度）进行。对于上下板块之间的波峰、波谷无法对齐的情况，应采用特定压型板系统（测试过）推荐的连接构造方式连接。

（5）因铝镁锰合金对温度的敏感性，在大型公共建筑中运用长板时，应关注温度变化带来的伸缩变形，长度通常为50m，最大不超过70m。

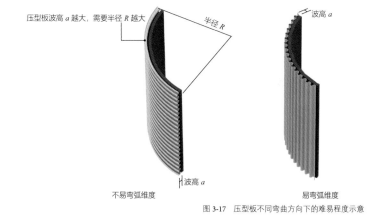

不易弯弧维度　　　　　　　　　　　易弯弧维度

图3-17　压型板不同弯曲方向下的难易程度示意

铝合金复合板　A类

(无机矿物芯材铝复合板、铝塑板)

1. 材料简介

无机矿物芯材铝复合板/铝塑板是以无机矿物或聚乙烯塑料作为芯材，外覆铝合金薄板作为表层材料，经工厂加工而成的复合材料（图3-18）。

2. 材料特点

（1）材料有良好刚度，平整度好：此类铝合金复合板将复合板材最关键的技术指标——剥离强度大大提升，在铝合金用料较少的情况下，获得复合后材料整体良好的刚度和平整度。

（2）轻质易加工：质量仅为 $3.5 \sim 5.5 \text{kg/m}^2$，易于搬运施工，只需使用简单木工工具即可完成切割、裁剪、刨边，也可冷弯、冷折、冷轧。

（3）折边挺括：因面板铝合金很薄，可采用内侧切割折边工艺，折边弯弧很小且边缘挺括。

（4）耐冲击性强：强度大、韧性好，弯曲时不损坏面漆。

（5）耐候性强：由于一些产品采用抗紫外线辊涂系统（PVDF），可达 20 年不褪色。

（6）表面装饰性多样：采用多种工艺可产生多样的色彩及肌理，为设计师提供更多的质感选择。

图 3-18　德国宝马风洞实验室　外立面铝复合板的应用

3. 加工工艺

无机矿物芯材铝复合板/铝塑板表面铝材较薄，除常规铝材表面处理方式（涂层、烤漆、贴膜、拉丝、镜面、氧化着色、彩色印花）之外，还可采用辊涂方式，其优势如下：因为其金属辊提取涂料进行连续挤压涂装的方法，使表面能呈现优秀的肌理效果，封闭式辊涂的工艺可以做出很高的光泽表面，最高光泽可以做到90°以上的镜面效果，且无缺陷。除表面肌理外，设计特殊造型选用此类铝合金复合板需注意以下问题：

（1）无机矿物芯材铝复合板/铝塑板是三明治结构（图3-19），施工时应先做饰面板加工并做好保护，再钣金加工，对于矩形、折线等造型有良好表现力。

（2）安装采用定位机械连接（安装定距压紧式结构），可三维调整，变位吸收应力，对部分曲面建筑构造有一定表现力。

（3）因为是使用带装饰面的板材在单侧（背板）进行折、弯、切、拼等加工（图3-20），故可以实现单曲、扭曲以及部分双曲。复杂曲面造型可通过开曲线槽后用模具压制成型，并加上适当分板拼接。

（4）铝合金复合板不能进行焊接和打磨，无法实现特殊的双曲造型，例如无法在一块板上制成球体或双曲面体，需通过直线模拟曲线来实现。

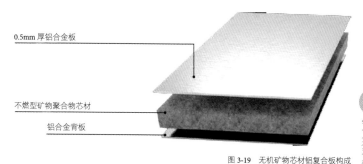

0.5mm 厚铝合金板

不燃型矿物聚合物芯材

铝合金背板

图 3-19　无机矿物芯材铝复合板构成

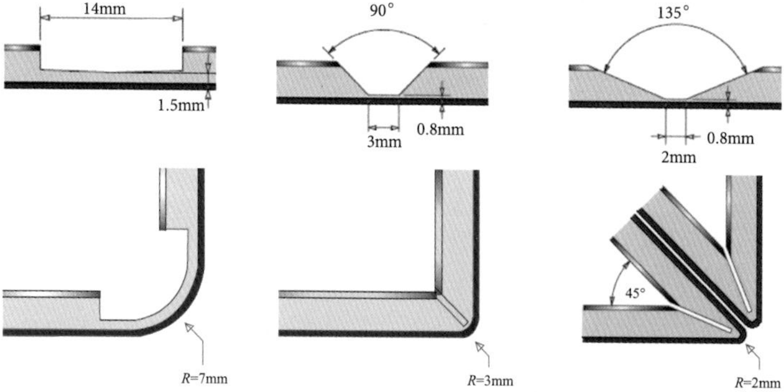

14mm

1.5mm

90°

3mm　0.8mm

135°

2mm　0.8mm

R=7mm

R=3mm

45°

R=2mm

图 3-20　铝合金复合板开槽和折边示意图

4. 常用规格①

常用尺寸（以 4mm 常用铝合金复合板为例）：

宽度：1000mm、1250mm、1500mm、1575mm；

长度：2000mm，最长 8000mm。

5. 使用注意事项

（1）铝合金复合板强度取决于芯材强度。采用无机矿物芯材的铝复合板强度更高，可分割较大尺寸，可用于大尺寸平面或对平整度要求较高的场合。

（2）无机矿物芯材铝复合板 / 铝塑板因采用切割弯折形式，设计应考虑实际表现尺寸、折边尺寸、板材规格尺寸的关系。常规折边形式为半径为 2～3mm 的圆角。

（3）无机矿物芯材铝复合板 / 铝塑板为复合结构，故在实现复杂曲面造型时受限制，设计时需跟加工厂家提前沟通，确认实施方案的可行性及外观效果（图 3-21）。曲面通过开曲线槽后用模具压制成型（图 3-22、图 3-23 ）。

①数据来自部分厂家，不同厂家工艺参数略有不同，仅供参考。

图 3-22 铝合金复合板实现双曲造型（一）

图 3-21 铝合金复合板实现扭转造型

图 3-23 铝合金复合板实现双曲造型（二）

铝合金复合板 B类

（铝合金蜂窝板、铝合金锥芯板、铝合金波纹芯板）

1. 材料简介

铝合金蜂窝板、铝合金锥芯板、铝合金波纹芯板是由内外两层铝合金薄板及其之间的铝合金蜂窝状内芯（图3-24），或铝合金锥芯，或铝合金波纹结构经专用胶粘结而成的复合板材，均属于复合板材。

三者构造与力学原理类似，都具有良好的平整度，不同的是对弯折、曲面造型的适应性不同，按其适应性从强到弱排序：铝合金锥芯板 > 铝合金波纹芯板 > 铝合金蜂窝板。

铝板

图 3-24　铝合金蜂窝状内芯

2. 材料特点

（1）铝合金蜂窝板、铝合金锥芯板、铝合金波纹芯板均为"三明治"结构（图 3-25、图 3-26），其特点是利用材料力学惯性矩原理，以较薄的面层板材和薄铝制成的空间型芯组成整体板材，以较少的用材及较轻的质量实现板材整体刚度和强度的提升，从而获得板材整体的平整度。

（2）铝合金蜂窝板、铝合金锥芯板、铝合金波纹芯板整板的弯折适应性不强，芯材越厚适应性越差，需要在加工厂定制才能满足设计要求。铝合金蜂窝芯与两层面板是双向线性粘结，铝合金锥芯板是点粘结，铝合金波纹芯板是单向线性粘结，故波纹芯板平行粘结线方向强度弱于垂直粘结线方向，且在波纹方向容易实现弧形弯弧（参考图 3-17 原理）。

（3）强度高，可承受高强度的压力及剪力，不易变形。

（4）质量轻，同等厚度质量约为铝单板 1/5，约为钢板的 1/10，常规总厚度 10mm 的铝合金蜂窝铝板、铝合金锥芯板、铝合金波纹芯板质量为 $6 \sim 6.6 kg/m^2$。

铝锥芯

图 3-25 铝合金锥芯板截面图

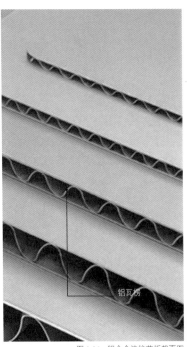

铝瓦楞

图 3-26 铝合金波纹芯板截面图

（5）隔声性能好，蜂窝芯各蜂窝之间处于密封状态，密闭的空气间层使声波受到有效阻碍。

（6）抗冲击能力好，板材蜂窝芯受力方向垂直于板材平面，网状结构具有一定程度的弹性，即使受到外界力量冲击产生形变，也能迅速恢复。

（7）大尺度下平整度高，材料本身具有内部结构，无需附加加固措施（如铝单板的加肋等），在板材最大尺寸为 1500mm×5000mm 的情况下，也能保持极佳的平整度。

（8）由于板材自身的夹芯结构系胶粘连结（图 3-27、图 3-28），穿孔时板材强度影响大，且不美观，故不建议穿孔使用。

蜂窝铝板面层刷胶

蜂窝板抽真空压缩定形

图 3-27 铝合金蜂窝板面板刷胶过程　　图 3-28 铝合金蜂窝板合板现场（塑料袋中真空压缩）

3. 常用规格[1]

（1）铝合金蜂窝板

长度：2000mm、2400mm、3000mm、6000mm；

宽度：1200mm、1250mm、1500mm；

厚度：10mm、15mm、20mm、25mm、30mm、40mm、50mm（图 3-29）。

（2）铝合金锥芯板

长度：2440mm、4880mm；

宽度：1220mm、1575mm；

厚度：4mm、4.5mm、5mm。

（3）铝合金波纹芯板

长度：2400mm、3000mm、6000mm；

宽度：1220mm、1500mm；

厚度：4mm、4.5mm、5mm。

①数据来自部分厂家，不同厂家工艺参数略有不同，仅供参考。

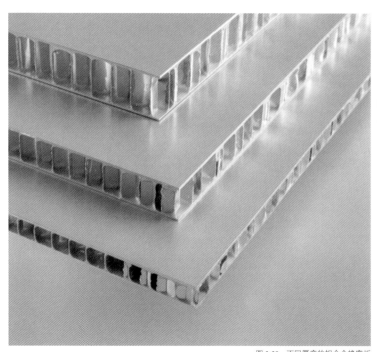

铝合金复合板 B类 (铝合金蜂窝板、铝合金微孔板、铝合金波纹芯板)

图 3-29　不同厚度的铝合金蜂窝板

4. 加工工艺

用于建筑建造的铝合金蜂窝板、铝合金锥芯板、铝合金波纹芯板是由两张铝合金薄板与铝合金内芯材，定尺加工经专用胶粘剂粘结，置于密闭塑料袋中（图 3-28），经真空施压加热一定时间后成型的产品。

在合成复合板前，作为展示面的铝合金薄板先行进行表面处理，可阳极氧化、氟碳辊涂、粉末喷涂等，可呈现多样的色彩和肌理。

铝合金蜂窝板、铝合金锥芯板、铝合金波纹芯板除平板外，均可在工艺限制以内进行弯折、弯弧构件的加工。建议设计时与加工厂家沟通，实施时应在加工厂成型加工并预拼装（图 3-30），检查无误后方可运至现场安装。

图 3-30　铝合金蜂窝板预拼装现场图

5. 使用注意事项

（1）因铝合金空间型芯材板为胶粘结构，通常不主张穿孔加工（图3-31）。

（2）由于面层铝合金板薄，板面怕尖锐硬物的触碰。故推荐用于人

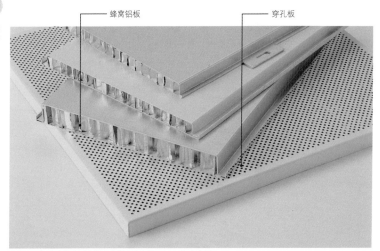

图 3-31　铝合金蜂窝板和铝合金微孔（孔径≤1mm）穿孔板

难以接触且平整度要求高的建筑部位，或做好施工成品保护，如公共建筑的吊顶等（图 3-32）。

（3）因铝合金空间型芯材复合板系三层结构形式，弯折、弯曲运用时，设计人员务必考虑外层薄板与芯板之间变形的协调性（与几何形式相关）。

图 3-32 青岛胶东国际机场铝合金蜂窝复合板吊顶图

钢板
STEEL PANEL

不锈钢板

耐候钢板

压型钢板

钢复合板

（夹芯钢板、不锈钢蜂窝复合板）

不锈钢板

1. 材料简介

根据《不锈钢和耐热钢　牌号及化学成分》GB/T 20878-2007 中的定义，不锈钢是以不锈、耐蚀性为主要特性，且铬含量至少为 10.5%，碳含量最大不超过 1.2% 的钢。

不锈钢是靠铬的氧化在其表面形成的一层极薄而又坚固细密的稳定的富铬氧化膜，防止氧原子继续渗入钢体氧化，而获得抗锈蚀能力。因此，不锈钢的耐蚀性随着铬含量的提高而增强。

需要注意的是，一旦表面的富铬氧化膜受到破坏，不锈钢就会受到空气或液体中氧原子的锈蚀。因此，不锈钢并不是不会生锈，只是不易生锈。

常见不锈钢可按不锈钢显微组织形态分为奥氏体不锈钢、铁素体不锈钢、奥氏体 - 铁素体双相不锈钢、马氏体不锈钢及沉淀硬化不锈钢。其中，建筑领域最常用的是奥氏体不锈钢及铁素体不锈钢。

为了给不同合金成分含量的不锈钢进行编号区分，国家标准《不锈钢和耐热钢　牌号及化学成分》GB/T 20878-2007 采用国际化学元素符号表示化学成分，用阿拉伯数字表示成分含量，例如 06Cr19Ni10。

更广泛使用的则是美国的不锈钢牌号标准（ASTM），采用三位数字表示各种标准级的不锈钢，200-300 系列表示奥氏体不锈钢，400 系列表示铁素体不锈钢和马氏体不锈钢（表 4-1）。

常见不锈钢牌号、用途及特征 表 4-1

类别	中国牌号 （GB/T 20878-2007）	美国牌号 （ASTM）	用途及特征
奥氏体 不锈钢	12Cr17Mn6Ni5N	201	适宜在负荷较大而耐腐蚀性要求不高的场合中使用，加工性能不如 304 不锈钢，多有出现替代 304 不锈钢的应用
	12Cr18Mn9Ni5N	202	
	06Cr19Ni10	304	建筑栏杆、家具、餐具、耐腐蚀容器等
	022Cr19Ni10	304L	碳含量较低的 304 不锈钢，用于需要焊接的情况，碳含量低能够降低晶间腐蚀的发生率
	06Cr17Ni12Mo2	316	在腐蚀环境（如滨海、化工环境）中的抗腐蚀能力较强，建筑上也常应用
	022Cr17Ni12Mo2	316L	碳含量较低的 316 不锈钢，锻造性能较差，塑形困难
	06Cr18Ni11Ti	321	适宜用作高温下使用的焊接构件
马氏体 不锈钢	12Cr13	410	强度较大，机械加工好，用于制造刀刃类、机械部件等
	20Cr13/30Cr13	420	多用于制造耐大气、水蒸气、水及氧化性酸腐蚀的零部件等
铁素体 不锈钢	019Cr23Mo2Ti	445J2	用于建筑屋面，硬度较强，焊接要求特殊

2. 材料简介

在建筑中主要运用的不锈钢种类为：

（1）奥氏体不锈钢

奥氏体不锈钢含 18% 铬及 8% 镍，无磁性，具有较好的韧性和可塑性，便于冲压成型，可焊性强，耐蚀性、耐酸性优良，但强度相对较低。奥氏体不锈钢具有较好的综合性能，因此在各行各业中获得广泛应用。在建筑领域中，常用于外墙板、护栏、扶手等部件，或用于吊顶、内装等装饰构件。

（2）铁素体不锈钢

铁素体不锈钢含铬量 15% ~ 30%，具有磁性，由于含铬量较高，其耐蚀性好，抗应力腐蚀性能优于其他种类的不锈钢，并具有导热系数低、膨胀系数小等特点，但机械性能与工艺性能稍差，价格相对低廉，通常在受力不大、耐蚀性要求高的场合使用，例如建筑屋面（图 4-1 ~图 4-4）、建筑外立面装饰等。

图 4-1　青岛胶东国际机场的 445J2 铁素体不锈钢屋顶　图 4-2　青岛胶东国际机场不锈钢屋顶细部

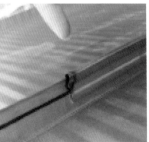

图 4-3　青岛胶东国际机场的不锈钢屋顶成型过程　图 4-4　青岛胶东国际机场不锈钢屋顶板块
焊缝盖帽

（3）奥氏体 - 铁素体双相不锈钢

奥氏体 - 铁素体双相不锈钢兼具奥氏体不锈钢和铁素体不锈钢的特点。与铁素体不锈钢相比，可塑性和韧性更强，耐蚀性和可焊性更高，同时保有铁素体不锈钢导热系数低的特点；与奥氏体不锈钢相比，强度更高，耐蚀性强，具有超塑性。常用于造纸、石油、化工等耐海水、耐高温等工业场合。因价格高，较少应用于建筑领域。

钢板

3. 材料特点

（1）强度高，可加工性稍弱。

（2）耐蚀性强。尤其是在酸、碱等较恶劣环境下，不锈钢产品可以长时间使用而不容易生锈，是金属材料中优秀的材料。

（3）在建筑用金属类材料中导热系数较低，高温不易膨胀、低温不易收缩，因此屋面采用不锈钢材料可以大大减少温差导致的变形影响。

（4）耐高温。不锈钢熔点为 1200～1500℃。

（5）焊接性能相对较好。不锈钢的熔点高，焊接温度范围广，操作难度较小，且在焊接过程中具有高稳定性。

（6）因材料有良好的硬度，故适合做多种表面肌理的加工并保持长久的效果。

（7）不锈钢有良好的延性，但强度及刚度也大，其适应弯折及曲面造型的能力比铝合金稍差，但其表面肌理的特殊性（如抛光、拉丝等），其他金属无法替代。

4. 加工工艺

建筑用不锈钢多采用型材或板材，表现力多运用其肌理的特殊效果。常见不锈钢的表面处理方式有抛光、喷砂及拉丝、压纹、着色、蚀刻和热转印等。

（1）抛光

抛光，即镜面处理。按市场标准，常见的镜面不锈钢等级有 8K、10K、12K 及 16K 等，"K"是指抛光后的反射率达到的等级。其中 8K 最常使用，表面反射物体成像清晰；12K 的镜面效果更佳，可与镜子媲美，同时价格也最高（图 4-5）。

（2）喷砂及拉丝

喷砂处理是用高速喷射束将颗粒喷料喷到不锈钢表面，从而获得均匀的磨砂面效果，这种钢板也被称为雾面不锈钢板（图 4-6）。拉丝是利用砂带进行处理加工，在不锈钢表面上制造规律的线条状纹理，这种钢板也被称为发纹不锈钢板（图 4-7）。喷砂和拉丝都能制造出表面粗糙度较高、耐磨损、无眩光的哑光表面效果。因这种表面不易留下指纹，故常用在近人尺度、较常接触的表面，如门窗把手、门窗边框、电梯门、门套等位置。

图 4-5 镜面不锈钢板

图 4-6 雾面不锈钢板

图 4-7 发纹不锈钢板

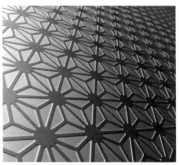

图 4-8 蚀刻不锈钢板

（3）蚀刻

蚀刻是通过化学方式在不锈钢表面腐蚀出复杂图案。通常以镜面不锈钢板或哑光不锈钢板作为底板，再次对表面进行局部的蚀刻加工，实现哑光、抛光明暗相间、有细微凹凸变化的图案表面效果（图 4-8）。

（4）压纹

压纹处理分为模具冲压和卷带压纹两种方式，模具冲压是用模具在不锈钢表面依次冲压花纹，卷带压纹则是用压花辊在不锈钢卷材上整卷辊压。模具冲压的深度和立体感较强，但卷带压纹的平整度较高。压纹可以单面压纹，也可以双面压纹。常见压纹面有水波纹（图 4-9）、亚麻布纹（图 4-10）、网格纹等。

（5）着色

不锈钢表面着色可以通过电解上色、镀膜或喷涂（较为少用）来实现。常见的色彩有香槟金色、黑金色、古铜色、玫瑰金色、宝石蓝色、茶色等（图 4-11）。

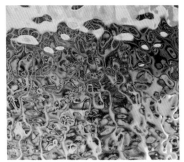

图 4-9 水波纹不锈钢板

图 4-10 亚麻布纹不锈钢板

图 4-11 上海世博会阿联酋馆玫瑰金幻彩不锈钢

（6）热转印

　　热转印技术可以理解为覆膜，是将设计好的薄膜材料通过加热和压力与不锈钢表面相结合，可以用来定制特殊的图纹，如仿木纹、仿石纹等（图4-12、图4-13）。热转印工艺对技术要求较高，对于较复杂的图纹，需要反复多次转印和固化，工艺复杂度和成本较高，表面较容易出现气泡、褶皱等瑕疵，因膜本身的耐久性一般，故不适用于对耐候性要求较高的场景，如建筑室外。

图4-12　热转印木纹不锈钢板

图4-13　热转印木纹不锈钢矩管

5. 常用规格①

冷轧不锈钢板常见厚度为 0.4 ~ 2.5mm，热轧不锈钢板厚度为 3 ~ 16mm。建筑幕墙、装饰常用的不锈钢板厚度通常为 1.5 ~ 3mm。

不锈钢板板材宽度常见尺寸为 1000mm、1219mm、1500mm、1800mm 及 2000mm（图 4-14）；除卷材外（图 4-15），长度常见尺寸为 2000mm、2438mm、3000mm 及 6000mm。通常较薄的不锈钢板，其长度和宽度规格也偏小。

4
不锈钢板

图 4-14　不锈钢板材

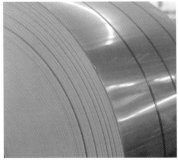

图 4-15　不锈钢卷材

①数据来自部分厂家，不同厂家工艺参数略有不同，仅供参考。

6. 使用注意事项

（1）建筑中使用的不锈钢板材较薄，施工时极易出现不平整问题。当不锈钢单板的面积过大时（超过 $1m^2$），会因不锈钢自身的刚度差导致表面不平整。在项目施工中，采用的不锈钢板材面积越大，板材厚度应越厚，否则容易出现不平整，造成面板整体观感差等后果（图 4-16）。针对薄板情况，可以采用增加衬板构造，或复合板形式，起到提升钢板刚度的作用，从而达到平整的效果（图 4-17）。

（2）不锈钢属于薄型板材（含型材），焊接时容易出现受热变形、产生热裂纹等问题，焊接处也较易被腐蚀，需要妥善处理不锈钢板构件间的连接问题。因此，不锈钢焊接时需根据母材和环境情况采用相应的不锈钢焊丝，采用电弧焊法，控制焊接电流及温度，加快焊接速度，焊接前还需注意清理飞溅物，避免其腐蚀不锈钢板材。

（3）不锈钢板耐腐蚀，但并非不会生锈。如果不锈钢板使用和维护不当或使用环境太恶劣，也会发生局部氧化腐蚀现象。因此，对不锈钢板表面必须进行定期的清洁保养，保护不锈钢板表面的钝化膜，以延长使用寿命。

钢板

（4）不锈钢薄板表面肌理多样，表现力丰富，但对施工要求高。在施工期间钢板表面务必有保护膜，并避免尖锐物的刮碰。

图 4-16　不平整的不锈钢材效果（外立面）　　　　图 4-17　平整的不锈钢材效果（吊顶）

耐候钢板

1. 材料简介

耐候钢（耐大气腐蚀钢），是介于普通钢和不锈钢之间的低合金钢（对比普通碳素钢来说合金元素总量小于 5% 的合金钢），由普通低碳钢添加少量铜、镍等耐腐蚀元素后，在基体钢材和锈层间形成一层致密、均匀且稳定的氧化层，从而起到保护钢材、减缓腐蚀的作用。耐候钢起源于考顿钢（Corten Steel），考顿钢是由 U.S Steel 公司开发并注册的产品，埃罗·沙里宁第一次将考顿钢运用于建筑外立面（图 4-18）。在考顿钢引入我国后，国内厂家根据耐候需求发展并演变出了不同的耐候钢种，本章所指的耐候钢均为与考顿钢类似的，适用于建筑外立面的产品。耐候钢不仅具有优质钢的强韧、塑延、成型、焊割、磨蚀、抗疲劳等特性，其还具备较好的耐热、耐冻、耐酸碱及耐大气腐蚀性能，被广泛用于建筑、桥梁、火车、汽车和工业设施等。耐候钢的相关规定可参阅现行国家标准《耐候结构钢》GB/T 4171。

2. 材料特点

（1）耐候性：与碳钢相比，耐候钢具有良好的抗腐蚀能力，其耐候性为普通碳钢的 2 ~ 8 倍。

图 4-18　耐候钢第一次在建筑上的运用——美国约翰迪尔总部

（2）延展性:优质耐候钢拥有良好的延展性,可以适应变化丰富的形体。

（3）可持续性:耐候钢作建筑表面材料时,无需涂装及无需使用防火涂料,减少基础成本和维护成本,缩短工期,是较为绿色环保的材料。

（4）表现性:自然锈蚀的耐候钢颜色会随着时间而发生变化,呈现其他金属材料不具备的独特表现性。

（5）平整度:耐候钢具有优质钢材本身的强度,故拥有很好的表面平整度,因此可以达到很好的装饰性。

3. 材料分类

不同国家、不同企业生产的耐候钢产品均匹配不同的牌号（表4-2),根据其产品针对的不同耐候需求,其化学成分也有一定差异。考顿钢（ C 0.06%、Si 0.57%、Mn 0.74%、P 0.018%、S 0.013%、Ni 0.71%、Cr 0.53%、Mo 0.01%、V 0.01%、Cu 0.46% ）作为耐候钢的特殊品种,更适用于建筑外立面。

4. 常用规格[①]

厚度:薄板为 1.5 ~ 4mm,中板为 4 ~ 20mm,厚板为 20 ~ 60mm,特厚板为 80mm。

① 数据来自部分厂家,不同厂家工艺参数略有不同,仅供参考。

钢板

宽度：500mm、1000mm、1200mm、1500mm、2000mm。

长度：薄板和中厚板为卷材，长度一般可做到 3000~12000mm，厚板和特厚板，需根据具体需求咨询厂家。

不同国家的耐候钢产品牌号　　　　　　　　　　表 4-2

别	牌号	化学成分（%）											
		C	Si	Mn	P	S	Cr	Ni	Cu	Ti	V	Mo	RE
国	CORTEN-A	<0.12	0.25~0.75	0.20~0.50	0.07~0.15	<0.05	0.30~1.25	<0.65	0.25~0.55				
	MAYARI-A	<0.12	0.10~0.50	0.50~1.00	0.08~0.12	<0.05	0.40~1.00	0.24~0.75	0.50~0.70				
	TRITEN	<0.22	0.30	1.25		<0.05		0.20		0.02			
本	SPA-H	<0.12	0.25~0.75	0.20~0.50	0.07~0.15	<0.05	0.30~1.00	<0.45	0.25~0.55				
	FUJI CORTEN	<0.12	0.25~0.75	0.20~0.50	0.07~0.15	<0.05	0.30~1.25	<0.65	0.25~0.55				
	CUPTEN-G	<0.12	<0.60	<0.60	0.06~0.12	<0.04	0.40~1.20		0.20~0.50		<0.15	<0.35	
	YAWTEN-SO	<0.12	<0.35	0.60~0.90	0.06~0.12	<0.04			0.25~0.55				
国	ST 35/50	0.07~0.12	0.03~0.60	0.30~0.50	0.08~0.13	<0.05	0.70~1.00		0.20~0.35				
罗斯兰	KT 52-3	0.08~0.12	0.25~0.60	0.90~1.20	0.05~0.09	<0.04	0.50~0.80		0.30~0.50		0.04~0.10		
	10XH	<0.12	0.17~0.37	0.50~0.80	0.07~0.12	<0.035	0.50~0.80	0.30~0.60	0.25~0.55				
	10H	<0.15	0.30~0.70	0.25~0.50	<0.15	<0.05	0.50~0.80		0.25~0.55				
国	09CuPTiRE	<0.12	0.20~0.40	0.25~0.55	0.07~0.12	<0.04			0.25~0.35	<0.03			0.15
	10CrNiCuP	<0.12	0.10~0.40	0.20~0.50	0.07~0.12	<0.04	0.30~0.65	0.25~0.50	0.25~0.45				0.02~0.20
	08CuPVRE	<0.12	0.20~0.40	0.20~0.50	0.07~0.12	<0.04			0.25~0.45		<0.02~0.08		
	09CuPRE	<0.12	0.17~0.37	0.50~0.80	0.07~0.12	<0.045			0.25~0.40				0.15
	08CuP	<0.12	0.20~0.40	0.25~0.50	0.07~0.12	<0.04			0.25~0.45				
	08MnCuPTi	<0.12	0.20~0.50	1.00~1.50	0.05~0.12	<0.045			0.25~0.45	<0.03			
	08MnPRE	<0.08~0.12	0.20~0.45	0.60~1.20	0.08~0.15	<0.04							0.10~0.20

4

耐候钢板

5. 加工工艺

在清洗干净的耐候钢料的表面喷上一层耐候性溶液，溶液与钢料表面的化学元素发生电化学反应，一段时间后，钢料表面便形成了一层致密的氧化膜（锈色），从而保护钢料内部不继续被腐蚀（图 4-19）。

以下情形不适合做现场耐候处理：处于影响稳固氧化膜形成的环境，如在泥土中或水中；处于含有氨气及其他碱性气体的地区时；位于易受撞击的部位时。

图 4-19 耐候钢与普通钢料的锈层对比（左侧为耐候钢，右侧为普通钢）

耐候钢现场锈蚀的适合温度为 5 ~ 35℃，最佳温度为 20 ~ 25℃，应避免多雨多湿天气及高温暴晒，尽量在 3h 内完成单个立面的锈蚀涂装。

6. 使用注意事项

耐候钢在目前的使用中有两种发锈方式:一种是在工厂预先锈蚀（均匀度有保证，锈水少）;另一种则是在现场锈蚀（均匀度难以保证，施工要求高），存在以下加工限制:

（1）排水要求:耐候钢并不是不锈钢，如果耐候钢表面有积水，将加快该处的腐蚀速率，故设计时不推荐在大面积水平面使用，且施工时必须要注意做好排水。

（2）焊接要求:当耐候钢需要焊接时，通常先焊接再进行耐候发锈处理，否则焊接的高温会导致已发好的锈层脱落或引起焊接部位颜色变深，焊接所用材料也要符合耐候抗腐蚀性要求（同种材料焊条）。

（3）配合耐候钢使用的高拉力螺钉、螺帽、垫板等必须具有耐候抗腐蚀的特性。

（4）关注使用场地的环境条件，设计评估影响耐候钢锈层生长速度，对颜色有均匀要求的部位应注意少接触水（避开排水口、接近地面等）。

4

耐候钢板

（5）耐候钢的颜色会有变化：用促锈剂置于一般自然环境下从全新钢板到生成具有稳定致密的锈红色保护层需要 6 个月到 1 年的时间，对于部分干燥地区或者室内还可能更长，即使要生成简单的均匀锈黄色，也需要 1 个月左右（图 4-20）。

图 4-20 成都天府软件园 F 区耐候钢板窗套

虽然耐候钢板本身锈蚀的颜色可用发锈剂来调整，但在自然发锈的过程中，构件的颜色也会出现从黄色、红色、红褐色到褐色逐渐过渡的情况（图4-21）。相比之下，预发锈耐候钢的颜色相对更加可控，故建议在工厂内预发锈后使用。

（6）耐候钢并非不被腐蚀而是被腐蚀得较慢：高品质的耐候钢寿命是普通钢的8倍（单面年腐蚀率为0.097mm），设计时仍需考虑少许的厚度腐蚀余量。

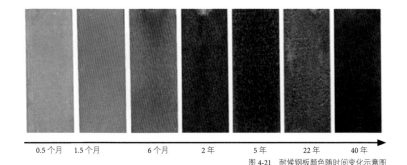

| 0.5 个月 | 1.5 个月 | 6 个月 | 2 年 | 5 年 | 22 年 | 40 年 |

图 4-21　耐候钢板颜色随时间变化示意图

压型钢板

1. 材料简介

压型钢板是薄钢板通过机械辊压、冷弯成型，实现力学惯性矩原理的工业产品。它很好地发挥了钢材的优良特性，并可根据需求及审美设计成波浪、锯齿、梯形等多种板型。压型钢板可用于墙面、屋面、楼层板，本书主要讨论外墙用压型钢板。

2. 材料特点

建筑用压型钢板通常使用薄板（0.4～0.9mm），物理性能同使用的钢材。

（1）单向强度高。压型钢板在垂直于波形方向具有更高的强度，往往不需要在其后方增加加劲肋就能获得较好的视觉效果，但对双曲形的适应性较差。

（2）防水性能良好，但防锈能力不佳，需依靠表层处理解决。

（3）同所有金属一样，压型钢板保温隔热、隔声性能较差，设计时需要在构造上分别或综合处理，以获得隔热及隔声性能的提升。

（4）压型钢板在施工现场焊接性能与冷加工性能良好，焊接处理防锈是难点，故使用压型钢板不推荐焊接方式连接。

（5）压型钢板对温度的敏感性弱于铝合金板，在应对大跨度屋面热胀冷缩问题时，对大型公共建筑有更好的适宜性（图 4-22、图 4-23）。

（6）压型钢板属工业化产品，施工便利，施工速度快，综合经济效益好。

图 4-22　西青光大垃圾焚烧发电厂外墙

3. 常用规格（表4-3）

常见压型钢板尺寸特征　　　表4-3

名称	板型宽度 （mm）	肋高 （mm）	钢板厚度 （mm）
小肋板	825	6	0.47
大波纹板	810	30	0.5～0.65
迷你波纹板	825	6	0.47
多肋板	1090	12	0.40～0.47
MAXIMA板	995	29	0.4～0.53
波纹板	762	17	0.65
小肋板2	910	8	0.4～0.7
直立缝板	310～510	32	0.6
暗扣板	406	41	0.47～0.65

注：以上数据来自部分厂家，不同厂家工艺参数略有不同，仅供参考。

4
钢
板

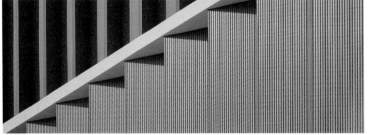

图 4-23　北辰光大垃圾焚烧发电厂外墙

4. 加工工艺

建筑用压型钢板的基材采用冷轧薄钢板作为原板，在原板表面做热镀锌或热镀铝锌镀层，形成镀层板。在镀层板表面涂覆有机涂料形成涂层板。涂层板经辊压冷弯，沿板宽方向形成波形截面的成型钢板即为压型彩钢板。加工流程一般为：冷轧→镀层→涂层→压型（图 4-24）。

（1）冷轧：原板是用来制作镀层板的各类冷轧薄钢板或钢带，是压型板最基层的组件。用于墙面的压型钢板基板的公称厚度不宜小于 0.5mm。一般用热轧钢卷作为原料，目的是使经过铸造、锻轧、焊接或切削加工的材料或工件软化，改善塑性和韧性，使化学成分均匀化，去除残余应力，或得到预期的物理性能。

（2）镀层：镀层是为了防止钢板表面遭受腐蚀，延长其使用寿命，在钢板表面镀一层金属锌或锌合金(铝锌合金、锌铝合金、镀铝镁锌合金)，具有不同的耐腐蚀性，这种有表面镀层的薄钢板或钢带称为镀层板。

（3）涂层：在经过表面预处理的基板（镀层板）上连续涂覆有机涂料（正面至少有 2 层），因耐候性要求普遍先涂层，后压型，使用的涂层一般为有机涂层，而对于刚性涂层则一般先压型后添加涂层。

（4）压型：压型板成型后，其基板不应有裂纹，镀层不应有肉眼可见的裂纹、剥落和擦痕等缺陷，成型后其表面应干净，不应有明显凸凹和皱褶。

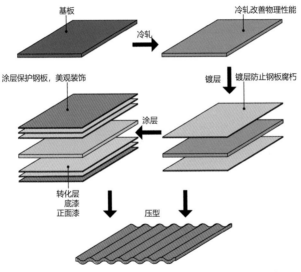

基板　冷轧　冷轧改善物理性能

涂层保护钢板，美观装饰　镀层　镀层防止钢板腐朽

涂层

转化层
底漆
正面漆　压型

图 4-24　压型钢板加工工艺流程

5. 注意事项

（1）屋面建议坡度

因系统构造因素，在屋面使用时需注意屋面排水，避免积水，在使用过程中应注意压型钢板的建议屋面最小坡度，通常大于 5%。

（2）弯弧的最小半径

对设计曲面的应用，因两向刚度差异，压型钢板使用时需注意不同使用状态下的自然成弧弧度限制，不同的波纹与波纹方向具有不同的最小弧度。也可通过机械成弧减小最小弯弧半径（图 4-25），应先与生产厂家配合，确保设计落地。

（3）铺板规则（水密性）

压型钢板与金属压型板的铺板规则一样，上板压下板、上风向板压下风向板（图 4-26）。板材主要分为垂直地面铺设与水平铺设两种（图 4-27），也可斜向铺设。板材整体刚度由固定螺栓或支座限定提供，应关注阴阳角交接构造的做法。

（4）施工保护

压型钢板的表面涂层对建筑的表观效果及板材耐候性至关重要，因此施工期间务必要保留保护膜，并确保涂层完好。

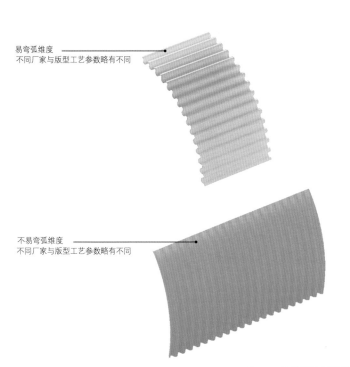

易弯弧维度
不同厂家与版型工艺参数略有不同

不易弯弧维度
不同厂家与版型工艺参数略有不同

图 4-25 压型钢板最小弯弧差异示意图

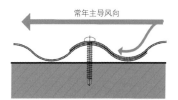

常年主导风向

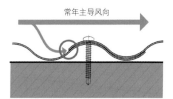

常年主导风向

铺设方向与常年风向相背时
板材搭接处的渗水风险更小

铺设方向与常年风向相同时
板材搭接处存在渗水风险

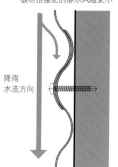

降雨
水流方向

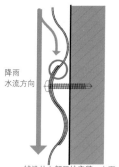

降雨
水流方向

铺设从底部开始安装，上下
板材搭接处的渗水风险更小

铺设从上部开始安装，上下
板材搭接处的渗水风险更大

图 4-26 压型钢板安装方向示意图

图 4-27 压型钢板横向安装与纵向安装立面对比

钢复合板

（夹芯钢板、不锈钢蜂窝复合板）

1. 材料简介

钢复合板是由上下两层薄钢板和中间层夹芯制作而成的工业化产品。钢复合板在保持面层钢板材料的外观效果、耐候性能、机械强度等材料特性的同时，应用力学惯性矩原理，通过不同材料的配置，取长补短，发挥各组成材料的优势，提升了板材的整体刚度和平整度，同时增强了隔热保温及隔声等性能。

根据不同的基材、芯材、表面涂层，钢复合板可以分为不同的类型（表4-4）。钢复合板常用于大型工业厂房、仓库、体育馆、超市、医院、冷库、活动房、洁净车间等各类工业及民用建筑。在屋面、外墙面、室内隔墙等建筑部位均有广泛应用。

不同种类的钢复合板 表4-4

钢复合板	表面覆层	普通聚酯类、硅改聚酯类、高耐久性聚酯类、聚偏氟乙烯类	
	肌理	平板、蚀刻线条、波纹、凹凸、镜面	
	面板	平板钢板、压型钢板、镀锌钢板、不锈钢板	
	芯材	高分子材料	聚苯（EPS）、挤塑聚苯乙烯（XPS）、硬质聚氨酯（PU）
		无机纤维材料	岩棉（RW）、玻璃棉（GW）
		蜂窝结构	铝蜂窝芯、纸蜂窝芯
	背板	平板钢板、压型钢板、镀锌钢板	

钢复合板的物理性能由面层金属材料以及芯材共同决定。目前对钢材面板与芯材的复合，主要应用方向有两个：一是通过与高分子材料或无机纤维材料的复合，形成集承重、保温、隔声、防水等功能于一体的高度工业化的建材产品，如各类夹芯钢板（图4-28）；二是通过与蜂窝内芯的复合，减少面层材料厚度，在降低成本的同时，获得极高的表面平整度，其中以不锈钢蜂窝复合板应用最为广泛（图4-29）。

图4-28 夹芯钢板

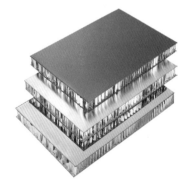

图4-29 不锈钢蜂窝复合板

2. 材料特点

（1）高度集成化，兼具保温、隔热、隔声、防水等性能，安装快捷方便，施工周期短，综合效益好。板材可反复拆卸、安装，绿色环保。

（2）有效减少面层钢板材料厚度，降低成本，自重轻、强度高。

（3）其强度与刚度与芯材材性及厚度相关，一些板材可作承重构件使用。用于室内空间分隔时安装简便、快速。

（4）涂层表面颜色丰富，肌理效果多样，外观美观，表面平整度好，同时具有较高的使用耐久性。

（5）钢板卷通过开平或压型后同芯材进行粘结的基本工艺，使得板材长度方向尺寸限制小，特别适用于大空间建筑的围护及分隔（图4-30）。

（6）保温隔热性能、隔声性能及耐火性能与芯材有关，需根据使用场合及要求进行选择。

图 4-30　成都英特尔集成电路标准厂房外立面使用的岩棉夹芯钢板

3. 常用规格①

夹芯类钢复合板，根据芯材的不同，整体厚度通常为 50～200mm，面层钢板厚度为 0.4～0.8mm；长度方向上，由于连续成型生产，板长可根据用户需要确定，3～6m 较为常用；实际使用时，考虑加工、运输及安装等条件可定制，一般最长不超过 12m。由于夹芯钢板截面通常采用企口设计，板材宽度一般指的是有效宽度，实际表面钢板下料宽度含企口的宽度（图 4-31）。夹芯钢板宽度为 900～1200mm，常见规格为 950mm、1000mm、1150mm、1200mm。

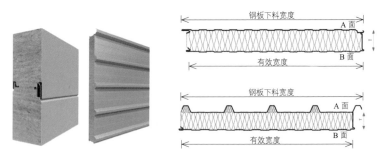

图 4-31　夹芯钢板常见截面与有效宽度

①数据来自部分厂家，不同厂家工艺参数略有不同，仅供参考。

不锈钢蜂窝复合板，整体厚度范围为 5 ~ 100mm，常见的厚度为 5mm、10mm、12mm、15mm、18mm、20mm 等。外表面不锈钢板厚度范围为 0.5 ~ 3.0mm，内衬板分为不锈钢板、铝板、镀锌钢板，厚度为 0.5 ~ 2.0mm。长度一般不大于 5000mm，宽度不大于 1500mm，更大规格尺寸可定制（图 4-32）。

图 4-32 郑州金岱展示中心镜面不锈钢蜂窝复合板吊顶

4. 加工工艺

夹芯钢板由薄钢面板与芯材粘结压制而成，可连续生产，通过成品裁切，形成不同长度规格的产品（图 4-33）。

1. 面板与芯材复合
2. 板材卷边
3. 插口成形装置
4. 成品裁切

图 4-33　EPS 夹芯钢板生产工艺

转角（阳角）可通过定制加工系统性转角板材（图 4-34），形成完整的围护体系，实现整体、美观的建筑效果。

图 4-34　通长夹芯钢板与弧形转角板材

表层薄钢板表面可与单层压型板一样，做涂层处理（聚偏氟乙烯PVDF、聚乙烯PE、高密度聚乙烯HDP等使用较多），实现良好的耐候性以及丰富的外观效果，同时表面可做平整、线条、波纹、凹凸等压型处理，形成特殊肌理（图4-35、图4-36）。

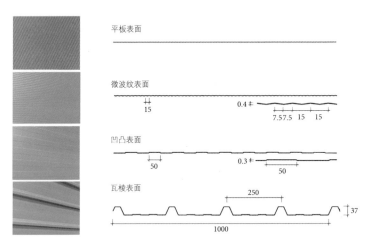

图 4-35 夹芯钢板表面处理示例

图 4-36　夹芯钢板不锈钢面板表面镜面线条处理

5. 使用注意事项

（1）夹芯钢板由于芯材种类多，在密度、传热系数、防火性能等方面性能差异也较大，需根据具体的使用场所和要求选取合适的类型。常见的三种夹芯钢板中（表4-5），聚氨酯（PU）夹芯板的保温性能最佳，防水性能更好；岩棉（RW）夹芯板耐火性能最好，但重量较重；聚苯乙烯（EPS）夹芯板重量最轻，价格最低，但耐火性能有一定缺陷。

常见夹芯钢板类型对比 表4-5

夹芯钢板类型	聚苯乙烯（EPS）夹芯板	聚氨酯（PU）夹芯板	岩棉（RW）夹芯板
密度（kg/m³）	≥ 18	≥ 38	≥ 100
传热系数 [W/(m²·K)]	0.68	0.45	0.85
吸水率（%）	6	3	5
燃烧性能	B2级	B1级	A级
相对价格	低	较高	高
常见应用场合	临时工棚、土建办公室、护栏隔墙等临时建筑	食品加工厂、生物医药、冷库等需高效保温的场合	工业厂房、仓储物流用房等保温防火较高的建筑

（2）夹芯钢板截面通常为两面企口，企口处由面层薄钢板卷边进行封边。外立面板材横铺时，在长度方向上企口相互咬合，具有构造防水特征，密封性好（图 4-37）。板材竖铺时横缝处无企口构造，若处理不好容易漏水（图 4-38）。

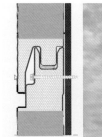

图 4-37　夹芯钢板构造防水特征与外立面板材横铺

图 4-38　夹芯钢板竖铺易漏水区域

用于建筑外立面的两面企口的夹芯钢板（面板为平板时），未密封的侧面可满涂聚氨酯作为防水封边（图 4-39），此类夹芯钢板在安装时需在接缝处安装扣盖，以满足板缝处的防水要求（图 4-40）。另外一种是基于两面企口的截面形式，面层平板钢板进行折边（图 4-41），在侧面覆盖部分外露的芯材，安装时接缝压入 EPDM 胶条（图 4-42），实现板缝处的防水，此做法无表面扣盖，可以实现更为整体的立面效果，但产品需根据具体尺寸定制生产，无法现场裁切。

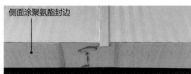

图 4-39　夹芯钢板侧面聚氨酯封边

图 4-41　夹芯钢板侧面钢板封边

图 4-40　夹芯钢板板缝处扣盖处理

图 4-42　夹芯钢板板缝处胶条处理

（3）影响夹芯钢板平整度的因素主要有几何尺寸、钢板厚度、芯材的密度及厚度、生产工艺及施工质量等。尽管夹芯钢板整体防水性能较好，但芯材仍具有一定的吸水性，若施工时未做好过程管理及成品保护，导致未安装的夹芯钢板进水或者板缝处防水构造施工不达标，吸水变形的芯材可能与钢板分离，会出现"鼓包"现象（图4-43），结局是只能替换板材。

图4-43 夹芯钢板因进水产生鼓包

钛锌板
TITANIUM ZINC PANEL

钛锌板

钛锌复合板

钛锌板

1. 材料简介

钛锌板也称为钛锌合金板，是由高纯度的金属锌与少量的金属钛、金属铜及金属铝熔炼而成。其中金属锌占比约为 99%，金属钛占比为 0.06% ~ 0.2%。

2. 材料特点

（1）优越的耐候性：锌是一种具有天然抗腐蚀性的材料，可在表面形成致密的钝化层，从而使其保持极慢的腐蚀率。实验检测表明，锌的平均腐蚀率为 1μm/ 年，0.7mm 的钛锌板使用寿命为 70 ~ 100 年。

（2）易维护性：钛锌板表面的钝化层与板材融为一体，不会剥落，对表面划痕具有自我修复功能。不断产生的钝化层使表面始终光滑，通过雨水冲刷即可实现自洁。

（3）延展性好：钛锌板具有优越的延展性，能充分满足建筑造型的需要，可制作如曲面、弧面、球面等各种各样的建筑外形（图 5-1、图 5-2）。正因为材质柔软，大尺寸板材成形时不易平整，较难达到挺括的效果。

（4）绿色环保：钛锌板表面一般不做涂层，是 100% 可回收和循环利用的绿色建材，不会散发污染环境的有害物质。其耐久性和低维护性也

图 5-1　山西大同体育中心钛锌板使用效果

使其成为绿色建材中的一员。

（5）防火性能：钛锌板属于不燃材料，但熔点（420℃）较低，易产生火灾的次生灾害。

（6）因材性特点，钛锌板可通过咬合、搭接、翻折等多种机械操作安装施工，无需打胶（图5-2）。因板块规格受限，接缝较多，故此类安装方式导致围护系统的气密性、水密性弱于打胶或锁边的构造。钛锌板也可直接焊接，表面无需做任何预处理，一般在异形收边收口位置使用锡条进行焊接。

（7）锌的线膨胀系数比铝板高，温度形变较铝板更大。

3. 常用规格

基材的密度为 7.14kg/m³，卷材宽度多为 400～1000mm；厚度为 0.65mm、0.7mm、0.82mm、0.9mm、1.0mm、1.2mm、1.5mm 等，长度可根据设计需要裁切，最大板长建议在 15m 以内。

图 5-2　加拿大埃德蒙顿机场办事处及控制塔

4. 加工工艺

建筑用钛锌板基材以不同规格的卷材按系统构造剪裁实施，并增加表面处理。

（1）表面处理

钛锌板的表面颜色并非外层附加的涂层，而是板材表面的锌被氧化形成致密的钝化层所致。天然的钝化过程会持续 5 个月至 5 年不等，取决于建设用地所处环境的湿度及空气中的酸碱程度。天然钛锌板颜色最开始呈现类似于不锈钢的金属亮色，经过在环境中的逐步氧化，颜色会均匀地变暗。考虑到表观均匀性，在实际工程中使用原锌的情况较少，大多数工程会使用工厂中预钝化处理的钛锌板，可以选择或控制更符合设计的颜色。预钝化包括以下两种方式（图 5-3）：

1）酸洗。钛锌板表面通过硫酸和硝酸的稀释混合液处理，形成蓝灰色或石墨灰的碱式碳酸锌层，接近自然环境中氧化的状况，并呈现天然的金属色泽。

2）磷化。磷化过程通过在面板表面上形成微溶的磷酸盐层，可以产生或浅或深的表面颜色。常见的颜色有偏绿、红、蓝、棕、黑色系。

图 5-3　钛锌板表面处理工艺实样

钛锌板酸洗及磷化工艺呈现不同的颜色

1、3 为酸洗工艺；2、4 为磷化工艺

总的来说，钛锌板表面颜色不多，颜色选择上不如金属板上附加涂层的方式自由，但其对光线敏感的金属色泽为建筑带来独特的质感。

（2）施工工艺

由于钛锌板延展性高，材质较软，通过小尺寸划分可作为异形曲面建筑的外表皮材料。现场施工方便快捷，可直接用专用剪刀剪裁（图5-4）。钛锌板板材连接的方式多样，常见工艺如下（图5-5）：

1）立边咬合系统（屋面、墙面系统）：为传统钛锌板的安装系统，采用单锁或双锁重叠后立边，通常墙面用单锁边，屋面用双锁边（图5-6）。立边咬合钛锌板具有灵活性强、抗风性能佳、安装快速的特点。

2）水平嵌板系统（墙面系统）：为闭式系统，板材通过扣件与龙骨连接，可有效解决金属的热胀冷缩问题（图5-7）。

3）扣盖系统（屋面、墙面系统）：在立边咬合系统的基础上增加扣盖（防水构造），在适应温度应力的同时有更好的平整度（图5-8）。

4）内锁扣瓦片系统（屋面、墙面系统）：开放式幕墙体系，金属板背后需辅助防水层。通过不同尺寸的金属瓦片及不同的排列形式，产生多样的设计形式。

现场拼装

现场剪裁

图5-4 钛锌板内锁扣瓦片系统施工

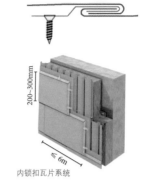

立边单咬合　立边双咬合

立边咬合系统

内锁扣瓦片系统

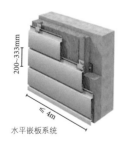

水平嵌板系统

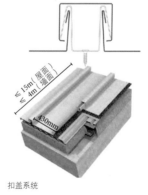

扣盖系统

图 5-5　钛锌板常见的连接方式

图 5-6　立边咬合系统实物照片

双锁边

单锁边

穿孔

分板凹槽

分板缝

图 5-7　水平嵌板系统实物照片

图 5-8　扣盖系统实物照片

5. 使用注意事项

（1）钛锌板表面钝化层需与空气接触方可形成，因早晚温差产生的冷凝水长时间聚集容易导致板材背面腐蚀，因此屋面屋檐应留有防水进气口，屋脊处应留防水出气口，不得封死；墙面在墙底与墙头都应留防水气口。屋面系统的通风层厚度不得低于40mm，墙面通风层厚度不得低于20mm。另外，空气垫层（配套蓬松尼龙材料，耐火等级B1，图5-9）可有效减少金属屋面雨雹碰出的噪声。

（2）钛锌板虽为不燃材料，但其熔点约为420℃，比钢材和铝材低，防火性能不算优秀，用作立面材料应着重注意控制火灾的专项构造设计（图5-10）。

（3）冬期施工应采用加热装置，温度不得低于10℃。低于10℃环境中的钛锌板会变硬，不易弯折，会影响节点的构造质量。

（4）磷化材料表面的再生能力有限，虽然刮擦后露出本色的钛锌板会继续氧化，但新的钝化层颜色会与周围磷化层的颜色略微不同，故施工及维护阶段需做好保护。

（5）钛锌板安装初期轻微的颜色差异是常见的，随着钝化层的持续形成，钛锌板颜色差异将降至最低，最终获得均匀的外观。

（6）钛锌板规格较小，因此设计时应充分考虑板块之间集成后的整体效果，而非单一板块的平整度。

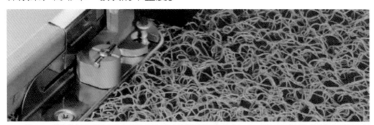

图 5-9　蓬松的尼龙材料（耐火等级 B1）形成钛锌板的空气垫层，也可采用玻璃纤维材料作为空气垫层

图 5-10　某大楼失火导致钛锌板外墙迅速升温熔化

钛锌复合板

1. 材料简介

目前的钛锌复合板是指以塑料、无机矿物芯材等为芯层（可选用 B1 级、A2 级），正面覆钛锌板（常用厚度为 0.5mm）、底面覆铝合金薄板的三层复合板材（图 5-11、图 5-12）。按照燃烧性能可以分为普通型板和防火阻燃型板。

2. 材料特点

（1）平整度好，抗弯性能高。

（2）耐腐蚀、耐候性好：钛锌板面层在表面形成致密的钝化层，腐蚀率极慢，划伤后可自动修复。

（3）自洁性好：一般情况下，表面无需涂层，表面灰尘等脏物经过雨水冲刷即可实现清洁。

（4）易加工成型：钛锌复合板可进行折、弯、切、拼等加工。既可在工厂加工成型，也可在施工现场边加工边安装。

3. 常用规格[①]

常规厚度：3mm、4mm、6mm；

常规尺寸：宽度 ≤ 1000mm，长度可定制。

①以上数据来自部分厂家，不同厂家工艺参数略有不同，仅供参考。

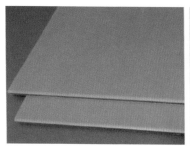

图 5-11　钛锌复合板

1—0.5mm 钛锌板；
2—高分子粘结膜；
3—矿物聚合物、塑料等（B1 级或 A2 级）；
4—高分子粘结膜；
5—0.5mm 铝板

图 5-12　钛锌复合板构造层组合示意图

4. 加工工艺

与钛锌板一样，钛锌复合板除金属本色、酸洗预钝化系列外，亦可根据需要进行定制化辊涂。钛锌复合板可进行以下加工：

（1）可通过对板材背面开槽，折弯加工成不同形状的板块（矩形、三角形、多边形等，图5-13）。

（2）钛锌复合板不仅可加工成平直的平面板材，也可通过辊弯设备将板材加工成弧形板材，当加工成弧形板材时，半径不应小于300mm。也可通过模具进行双曲面板的加工成型。

（3）可通过雕刻机对板材的表面进行穿孔处理。

钛锌复合板可用于墙面（图5-14）和屋面。

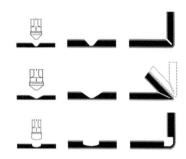

图 5-13 钛锌复合板开槽折弯示意图

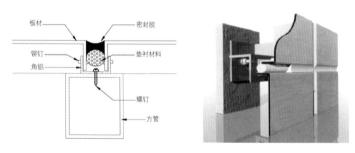

图 5-14 钛锌复合板墙面安装系统举例

铜板

COPPER PANEL

铜单板

（铜单板、铜穿孔板、铜拉孔网板）

铜复合板

（铜塑板、铜蜂窝板）

铜单板

（铜单板、铜穿孔板、铜拉孔网板）

1. 材料简介

铜单板是指铜合金板材。铜合金板以其不同合金成分而呈现出不同的色泽状态，并且在完工之后仍然进行缓慢的色彩变化，被称为"有生命的建筑材料"。不过因其色彩变化系腐蚀而来（图 6-1），效果难以把控。铜板常见的四种合金如下：

紫铜：是接近纯铜的铜板，其表面颜色为紫红色，后续氧化为深褐色，最后呈现淡绿色。熔点为 1083.4℃，屈服强度为 200 ~ 300MPa。

黄铜：主要成分是铜锌合金，其表面为香槟色，后续氧化为褐色，稳定后绿色比紫铜深。熔点为 1193℃，屈服强度为 205 ~ 440MPa。

青铜：主要成分是铜锡合金，其表面为淡绿色，后续氧化为深绿色。熔点为 800℃，屈服强度为 90 ~ 170MPa。

金铜：主要成分是铜铝合金，其表面为金色，后续氧化为暖黄色，稳定后绿色比紫铜深。熔点为 640℃，屈服强度为 180 ~ 310MPa。

铜合金的材料特性根据不同标号中金属含量的配比不同而存在较大差异，具体可参照现行国家标准《加工铜及铜合金牌号和化学成分》GB/T 5231。

铜单板（铜单板、铜穿孔板、铜校孔网板）

图 6-1　铜单板幕墙实景图

铜穿孔板、铜拉孔网板都是在铜单板的基础上进行二次加工得到的板材。它们在表观特征上与铜单板相似，在机械性能上有一定的差异，图 6-2 展示了不同类型的穿孔、拉孔网效果。

铜穿孔板是用机器在铜单板上穿孔得来，常见的穿孔工艺有 CNC 数控冲床穿孔、激光穿孔和水刀。铜拉孔网板是用机器操作将铜板切割成条形缝，然后对铜板垂直切割缝方向进行一定力度的拉伸得来。铜拉孔网板还可以进行再次碾平处理，得到铜平网板。

铜拉孔网板由于惯性矩原理，相同尺寸情况下强度会增加。铜穿孔板与铜单板相比质量更轻但强度也随之减弱，但其兼顾了装饰性和透光性。

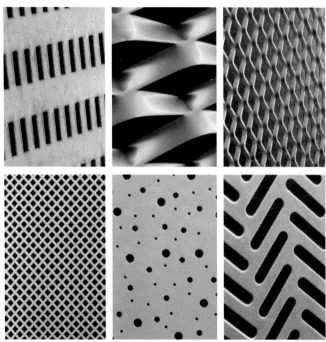

图6-2 不同预氧化类型铜板产品的穿孔、拉孔网效果

2. 材料特点

（1）耐候稳定性。铜单板有化学性质稳定、耐腐蚀、维护成本低和使用寿命长的特点，这是由于其表面会形成连续无毒的钝化保护层，受到破损可自动修复，俗称铜绿（图 6-3），对铜板有保护效果。

（2）环保性。铜板表面锈蚀不会产生污染环境的物质，同时铜板可以做到完全回收，循环使用，不产生大量建筑垃圾。

（3）易于折弯和延展。在所有建筑用金属材料中，铜具有最好的延伸性能，在适应建筑造型方面具有极大的优势。

（4）氧化变色不可控。保护剂并不能阻止铜板颜色在安装后持续变化，氧化速度和稳定颜色取决于当地的环境及气候条件。

（5）强度一般。铜板的强度相较铝板略低，其屈服强度与延伸率成反比，经加工折弯的铜板强度有所提升。

（6）防火性能一般。铜板属于不燃材料，但熔点较低（约为 1083℃），高于铝板低于钢和钛（参照欧洲标准 EN1172）。

6

铜板

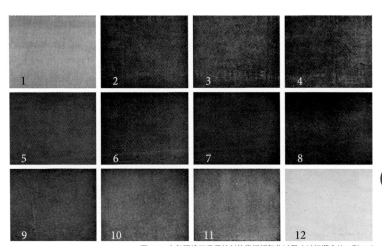

图 6-3 大气环境下无保护剂的紫铜板氧化过程（时间顺序从 1 到 12）

3. 常用规格[①]

铜单板的常规厚度可为 0.7 ~ 4.0mm。与铝板类似，铜板也是由铜板卷展平，常见宽度有 600mm、670mm、1000mm，长度理论上无限制，但考虑到平整度，常见尺寸为 600mm×3000mm、670mm×2000mm、670mm×3000mm、1000mm×2000mm、1000m×3000mm。

铜穿孔板、铜拉孔网板常规宽度 ≤ 1000mm，长度 ≤ 3000mm。为保证板材强度，铜穿孔板可折边，铜拉孔网板可增加拉网的边框（边框可采用型材、方管或 U 形件）。铜拉孔网板一般不考虑背筋，铜穿孔板根据穿孔情况可考虑在开孔间隙处增加背筋。

铜穿孔板材料厚度需要根据穿孔率确定，一般铜穿孔板厚度不小于 2.0mm，铜拉孔网板厚度不小于 1.0mm。

由于铜板穿孔导致强度变弱，铜穿孔板长度不宜超过 4000mm，宽度不宜超过 1220mm。由于惯性矩原理，铜拉孔网板刚度增大，规格在基板尺寸允许情况下可适当增大（如图 6-4 所示的平整效果）。

①以上数据来自部分厂家，不同厂家工艺参数略有不同，仅供参考。

图 6-4　铜拉孔网板在适当的规格下能保持平整的视觉效果

4. 加工工艺

铜单板常用加工工艺与其他金属板类似：卷料开平下料→切割→板材刨槽→钣金折弯、曲面成型→部分焊接打磨→预置种钉→表面处理→固定背筋→使用安装。

铜单板具有良好的延伸性，可采用冲压、旋压①、拉伸、锻打等方式进行压型、弧形或曲面成型。

安装系统：铜板具有较好的加工适应性和强度，适用于平锁扣式系统、直立锁边系统、单元墙体板块系统等各种工艺和系统（图6-5）。铜单板交接的工艺可以采用耐候胶和开缝两种，由于铜板的使用年限比耐候胶长，出于更换构件方便的角度考虑，采用开缝的方式较多，但具体情况需要建筑师根据不同需求判断。

①旋压工艺：将金属板料卡在旋压机上，由主轴带动坯料与模芯旋转，然后用旋轮对旋转的坯料施加压力。金属旋压多用于成型开放形状的工件，理想的旋压成形材料包括铝、铜、黄铜、青铜、银及软钢。

平锁扣系统

内锁扣系统

直立锁边系统

盒型板系统

图6-5 常见铜板安装工艺

铜单板的表面处理方式分为两种，第一种是让铜板自然氧化；第二种是让铜板预氧化到一定程度，然后用保护漆暂时固定，延缓氧化（如图 6-6、图 6-7），目前没有技术能让铜板完全不氧化变色。

钝化处理是目前最有效的防氧化工艺，通过钝化液钝化处理的铜板能保证在正常空气环境下两年内没有明显变化。除此之外也可以选择保护涂层，如氟碳清漆、纳米漆、蜡涂层。其中蜡涂层的耐候性最弱，但此方式易于现场上蜡保养维护。

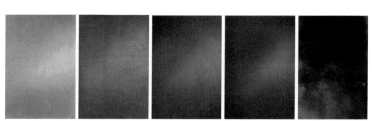

图 6-6　黄铜不同程度的预氧化效果

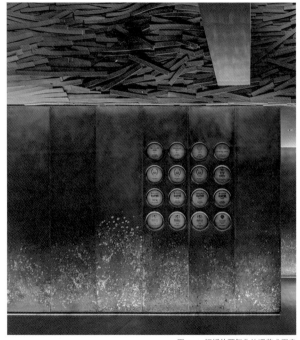

图 6-7　铜板的预氧化处理艺术图案

5. 使用注意事项

（1）铜单板（穿孔板、拉孔网板）变色问题

为了保留铜板独特的色泽，一般只在表面上使用透明保护剂，这导致铜合金板材的颜色会随着时间发生变化，并且变化过程不可控，最后稳定在淡绿色或褐色，如图 6-8、图 6-9 所示。铜板颜色变化在不同的地区不尽相同，阳光雨水充足的地区，铜板变色速度较快（5～10 年内稳定）；阴冷干燥的地区，变色速度会减慢（10～20 年内稳定）。不同环境及气候条件下，不仅铜板氧化速度有差异，最终稳定的颜色也不同。在

图 6-8　英国蛇形画廊（拍摄于 2007 年）

空气质量较好的地区，铜板的钝化层是碱式碳酸铜和氧化铜的混合物；气候极端干燥、日照多的地区，氧化铜偏多，呈深褐色；如果气候湿润则碱式碳酸铜偏多，呈淡绿色；在空气中含硫较多的地区，铜板的钝化层中含有一定的碱式硫酸铜，呈蓝绿色。

解决措施：对于铜板变色问题，可由厂家提供铜板氧化过程的颜色在软件中模拟建筑的颜色变化。也可以适度减少铜板的使用范围，进而削弱铜板颜色变化对建筑整体形象的影响。此外，采用氟碳清漆、纳米漆等保护涂层也可一定程度延缓铜板氧化。

图 6-9　英国蛇形画廊（拍摄于 2008 年）

（2）铜单板（铜穿孔板、铜拉孔网板）平整度问题

常规标号[1]的铜板强度低于铝板，因此在相同厚度、相同板面尺寸下，铜单板更容易发生不平整问题，如图6-10、图6-11所示。相同尺寸的铜穿孔板比铜单板更容易发生不平整问题。

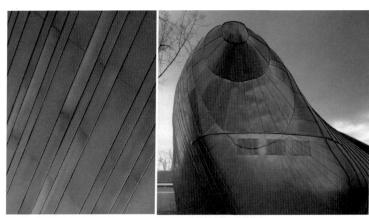

图6-10 铜单板平面不平整状态　　　　图6-11 铜单板曲面不平整状态

①根据《加工铜及铜合金牌号和化学成分》GB/T 5231-2022，铜的常规标号中 H 和 C 系列的硬度为 60～70HV，低于常用的铝合金，但 T2 标号的铜合金硬度为 75～120HV，高于常用的铝合金。

解决措施：首先，选择开平工艺更成熟、加工质量更高的主流厂家可以一定程度提高板面平整度；其次，设计中减小分格尺寸及增加板厚可以适度规避不平整翘曲问题；最后，在铜板背后增加背筋可以提升大板面铜板的平整度。如果铜单板确实无法达到建筑师要求的平整状态，可以改用铜蜂窝板，如图 6-12 所示。

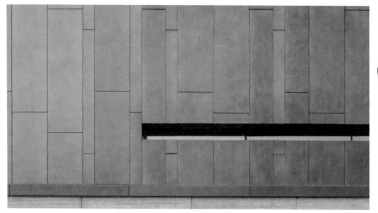

图 6-12 铜板平整状态

铜复合板

（铜塑板、铜蜂窝板）

1. 材料简介

建筑中常用的铜复合板为铜塑板与铜蜂窝板。

铜塑板指以铜板作为面材，铜板或铝板作为背材，通过高分子胶粘剂粘结形成的复合材料。铜塑板减少面层铜材料厚度，降低了原材料的成本，复合材料的集合程度提高了材料的总体刚度，同时能达到铜板的肌理效果（图 6-13）。

铜蜂窝板类似铝蜂窝板，即由铜板作为面板，通过使用双组分聚氨酯胶粘合到铝蜂窝芯上，背板可根据项目情况自选。因整体刚度的提升，其板面平整度远超过铜单板，可做比较大的规格，减少安装的拼接缝，提升建筑表面装饰的美观性。铜蜂窝板通常在工厂按施工图纸预先加工，提高工地安装的速度。铜蜂窝板广泛用于现代建筑的外墙、内墙、顶棚等，面板带有自然铜色，且有较高的平整度（图 6-14）。

2. 材料特点

（1）保留了铜单板的优点，提高了板材整体刚度，改善了表观效果。

（2）表面平整，抑菌，重量轻，绿色环保。

（3）铜塑板易于加工成型，可节省大量铜材，经济性良好。

铜塑板

图 6-13　天津博物馆（外立面门头为铜塑板）

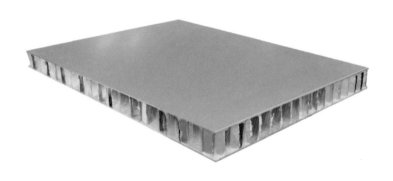

图 6-14 铜蜂窝板实物图

3. 常用规格[①]

（1）铜塑板常用参数

常用规格：宽度 ≤ 960mm，长度 ≤ 2960mm；半熔态轧制复合铜板宽度 ≤ 1180mm，长度 ≤ 4960mm。

板厚：2.0mm（铜 0.4mm，背材加胶 1.60mm）、2.4mm（铜 0.4mm，背材加胶 2.00mm）、2.5mm（铜 0.55mm，背材加胶 1.95mm）。

（2）铜蜂窝板常用参数

常用规格：与铜单板相同，面材铜板由铜板卷材展平，常见宽度有 600mm、670mm、1000mm，长度理论上无限制，但考虑到平整度，常见尺寸为 600mm×3000mm。

铜面板厚度：0.5mm、0.7mm、1mm。

芯材：铝蜂窝芯 3003 合金。

总厚度：10mm、15mm、20mm、25mm 或者定制。

板材形状：平整板、弧形板或者根据设计图进行预加工。

表面处理效果：与铜单板表面相同。

[①]以上数据来自部分厂家，不同厂家工艺参数略有不同，仅供参考。

4. 加工工艺

铜复合板与铝复合板加工方式相同，只是面板材料的区别。其背板亦可为铜板，受力协同性佳，同种金属伸缩一致，不易变形。但考虑价格因素，一般采用铝板作为背板。

安装时采用中性硅酮胶，严禁使用酸性胶或者碱性胶，否则会对复合材料造成破坏。

5. 使用注意事项

（1）因铜塑板为高分子树脂粘结，故不能激光切割及穿孔（图 6-15）。

（2）因复合材料在曲面或者异形产品成型加工时，工艺受限（例如：不能锻打、旋压、拉伸，不能二次退火、焊接等），故造型过于复杂的项目不太适合使用铜塑板，可用铜蜂窝板。

（3）铜蜂窝板不宜穿孔，故通常用于封闭平板部位。

（4）铜蜂窝板易局部凹陷，常用于人难以接触的部位，例如吊顶（图 6-16）。

铜塑板

图 6-15　同济大学设计创意学院主楼（外立面局部为铜塑板）

铜蜂窝板

图 6-16 二里头夏都遗址博物馆（室内为铜蜂窝板）

常用外墙金属板材案例

ARCHITECTURE METAL PANEL COMMON CASES

铝单板幕墙与穿孔铝单板组合实景

项目名称
郑州天健湖大数据产业园

外墙主要金属材料
氟碳喷涂铝单板 / 铝穿孔板

项目地点
河南省郑州市

铝单板、铝穿孔板

银灰色铝单板幕墙实景

深灰色铝单板幕墙与彩釉玻璃幕墙组合实景

铝单板幕墙与铝穿孔板组合实景

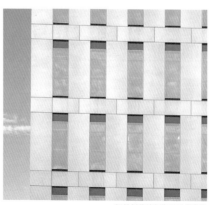

铝单板幕墙与窗口组合实景

国家超算成都中心鸟瞰图

项目名称
国家超算成都中心

项目地点
四川省成都市

外墙主要金属材料
无机矿物芯材铝复合板

铝合金复合板

铝合金复合板幕墙灯光效果

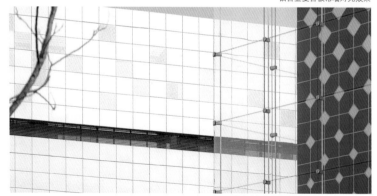

铝合金复合板与"硅立方"玻璃回廊效果

室外转角檐口吊顶

项目名称
青岛胶东国际机场

吊顶主要金属材料
铝合金蜂窝板

项目地点
山东省青岛市

铝合金复合板

室外檐口吊顶

成都天府国际机场

项目名称
成都天府国际机场

吊顶主要金属材料
铝合金蜂窝板

项目地点
四川省成都市

屋顶金属材料
铝镁锰合金直立锁边板

铝合金复合板

室外转角檐口吊顶

室外檐口吊顶

屋面

青岛胶东国际机场

项目名称
青岛胶东国际机场

屋顶主要金属材料
铁素体不锈钢薄板

项目地点
山东省青岛市

不锈钢板

焊接不锈钢屋顶

焊接不锈钢屋顶局部放大鸟瞰

焊接不锈钢屋顶屋脊

焊接不锈钢屋顶天沟收边

小米移动互联网总部

项目名称
小米移动互联网总部

项目地点
北京市海淀区

外墙窗框主要金属材料
布纹不锈钢

不锈钢板

布纹不锈钢窗框（外侧斜面）细部效果

不锈钢窗框整体效果

成都天府软件园 F 区菁蓉国际广场

项目名称
成都天府软件园 F 区菁蓉国际广场

项目地点
四川省成都市

外墙窗套主要金属材料
耐候钢板

耐候钢板

耐候钢板窗框

上海世博会澳大利亚馆外立面大面积耐候钢

项目名称
上海世博会澳大利亚馆

外墙主要金属材料
耐候钢板

项目地点
上海市

耐候钢板

上海世博会澳大利亚馆入口

上海世博会澳大利亚馆人视角度

上海世博会澳大利亚馆半鸟瞰图

西青光大垃圾焚烧发电厂

项目名称
西青光大垃圾焚烧发电厂

项目地点
天津市

外墙主要金属材料
波纹压型钢板

压型钢板

压型钢板弯弧段效果

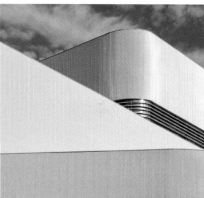

压型钢板压顶

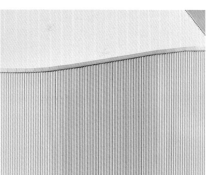

压型钢板细部

北辰光大垃圾焚烧发电厂

项目名称
北辰光大垃圾焚烧发电厂

外墙主要金属材料
压型钢板

项目地点
天津市

压型钢板

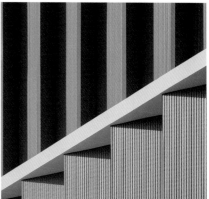

压型钢板与玻璃交接

压型钢板细部

压型钢板弯弧段效果

成都英特尔集成电路标准厂房外立面大面积夹芯钢板

项目名称
成都英特尔集成电路标准厂房

外墙主要金属材料
岩棉夹芯钢板

项目地点
四川省成都市

钢复合板

不同颜色的表面涂层实现丰富的立面效果

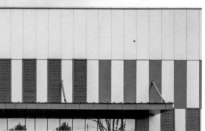

板材分隔大，立面平整度好

外观效果整体性好

与玻璃、百叶组合，实现立面采光通风需求

柏林犹太人博物馆鸟瞰图

项目名称
柏林犹太人博物馆

外墙主要金属材料
钛锌板

项目地点
德国柏林

钛锌板

钛锌板转角

钛锌板窗洞

立面装饰图案

钛锌板本色反射效果

新加坡体育学校钛锌复合板应用

项目名称
新加坡体育学校

项目地点
上海市

山墙主要金属材料
钛锌复合板

钛锌复合板

新加坡体育学校钛锌复合板应用（近景）

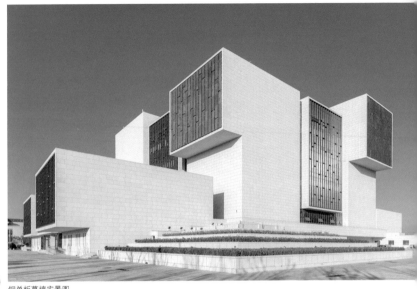

铜单板幕墙实景图

项目名称
山东大学博物馆

项目地点
山东省青岛市

出挑形体外墙主要金属材料
青铜单板

铜单板

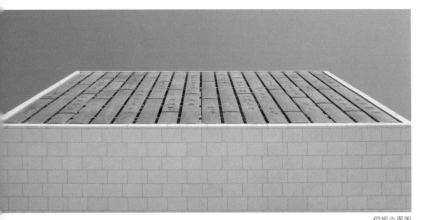

仰视立面图

远距离立面图

穿孔分板细节

铜复合板幕墙实景

项目名称
二里头夏都遗址博物馆

项目地点
河南省洛阳市偃师市

外墙主要金属材料
紫铜蜂窝板

铜复合板

架空柱

庭院立面

连廊材质

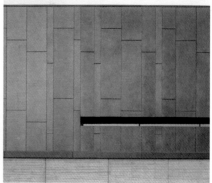

窗细节

跋
POSTSCRIPT

跋
POSTSCRIPT

　　《建筑外墙金属板材选用手册 1.0》这本小册子是继《建筑玻璃选用手册 1.0》之后的又一本建筑师材料选择参考手册，编纂思路源于中国建筑西南设计研究院有限公司内部服务于建筑师工作的应用性研究，分享给建筑师同行的目的是希望把我们的经验和教训作为广大建筑师实现建筑高完成度的踏脚石，让每个建筑师设计的建筑都有更好的建成完成度及更好的建成视觉环境表达。

　　金属材料虽然古老，但其技术尤其是合金技术，一直在不断地更新迭代之中，建筑师对金属板材运用方面的知识需要持续不断地扩充和调整。本手册是以建筑材料运用作为基本线索的系统性梳理，由中国建筑西南设计研究院有限公司前方工作室团队共同完成，参加的成员有周雪峰、谢钦、张嘉琦、雷冰宇、甘旭东、邱天、赖杨婷、智东怡、陈信自、钟易岑、肖威、何文轩、张敬军、阎渊、张文武等人，同时也得到了院幕墙所董彪总工程师及罗建成的咨询意见，以及相关金属板材供应商的慷慨技术支持。在此，对上述同仁的付出和富有成效的工作表示衷心感谢！

　　在本手册编写过程中，限于时间，我们意识到成果仍不够完善，期待和欢迎广大建筑师通过关注前方工作室微信公众号，给我们提出宝贵意见和分享心得体会，共同提高建筑金属板材的选用及使用水平。

感谢出版社的配合及辛劳付出！期望本手册能解决建筑师工作中的一些实际痛点问题！

2023 年 9 月 22 日

特别感谢
ACKNOWLEDGEMENT

本书中主要图片来源于中国建筑西南设计研究院建成项目照片及相应厂商，对其内容的真实性负责。部分案例图片来源于网站及下述摄影师作品，在此表达衷心的感谢！如有部分图片来源有所遗漏，欢迎联系，我们会第一时间妥善解决，联系电话：028-62551937，电子邮箱：jsmbsc@163.com。

摄影师名录：

存在建筑

联系方式：+86-13036662728，market@arch-exist.com

田方方

联系方式：studio@tianfangfang.cn

耿涛

建筑摄影师

吕博

联系方式：LOFTER 搜索"吕博"并私信联系

傅兴

联系方式：+86-13501250404，1627831565@qq.com

邵峰

联系方式：+86-18101956029，noodlez@sfap.com.cn

章勇

联系方式：+86-13916389876

图书在版编目（CIP）数据

建筑外墙金属板材选用手册 1.0 = ARCHITECTURE
METAL PANEL SELECTION MANUAL 1.0 / 中国建筑西南设
计研究院有限公司前方工作室编著 . —北京：中国建筑
工业出版社，2023.12
　　ISBN 978-7-112-29390-2

　　Ⅰ.①建… Ⅱ.①中… Ⅲ.①建筑物 — 外墙 — 金属板
—建筑材料—手册 Ⅳ.① TU5-62

中国国家版本馆 CIP 数据核字（2023）第 241025 号

责任编辑：张文胜　　责任校对：姜小莲　　校对整理：张辰双

建筑外墙金属板材选用手册1.0
ARCHITECTURE METAL PANEL SELECTION MANUAL 1.0
中国建筑西南设计研究院有限公司前方工作室 编著
*
中国建筑工业出版社出版、发行（北京海淀三里河路9号）
各地新华书店、建筑书店经销
北京点击世代文化传媒有限公司制版
北京富诚彩色印刷有限公司印刷
*
开本：787毫米×1092毫米　1/32　印张：6½　字数：123千字
2024年1月第一版　2024年1月第一次印刷
定价：69.00元
ISBN 978-7-112-29390-2
　　（42066）